别做那只
迷途的
候鸟

刘同 —— 著

这是一本关于职场的书（或者也与生活相关），但这并不是一本职场教科书。

如果要下一个定义的话，这恐怕是一本这样的书：你问我很多有关职场（与人相处）的困惑，我会告诉你我的看法，但我的看法并不代表着正确答案，而是我思考问题的逻辑，供你参考，希望你有所得。

写这篇序言的前几天，我一个17岁的弟弟问我："我以后要做什么？"

我："做你自己最擅长的事情。"

他："我不知道我自己擅长什么。"

我："那就找一件事情，现在开始做下去。"

他："要不，你直接告诉我应该做什么？"

我："……"

不要以为 17 岁的人的问题很难回答，其实，有些 37 岁的人的问题更难回答。

同学聚会的时候，有个同学问我："刘同，你一直在大城市，你能不能告诉我，现在有什么事情是挣钱多，又不要花太多时间的？提点提点我。"

这个问题看起来是在寻找这个世界上新的机会，但本质上反映了一个人对自身能力极大的不了解。我想一个真正通过努力而获得过回报的人，无论如何是问不出这种问题的，因为这个世界上不可能存在这样的事情。即使有，也是小概率事件，无法重复，无法复制。就像中了一次彩票之后，你就想着要把未来都押在买彩票上，这是不现实的，人生也会被毁掉。

进入职场之前，最需要搞清楚的问题不是："这个工作需要什么样的人？"而是："我能去做什么类型的工作？"

如果一个人没有花时间去思考"我究竟适合做什么"这个问题的话，那么他进入职场之后，一定会花大量的时间去问自己：“我好辛苦，这份工作是不是不适合我？”

说到底，一份工作适不适合一个人，很大程度是由一个人的性格与特长所决定的。如果要靠反复投身新工作才能明白自己是否适合，成本就太高了。所以，你会看到很多同龄人工作一两年之后，不停地换岗、跳槽。他们的口头禅是："我觉得这个工作不适合我。"但几次之后，你发现，他们其实并不知道什么样的工作适合自己。

你知道自己穿哪 100 件衣服不好看，远远比不上"你自己知道穿哪一件衣服很好看"。

以前，家里有个冰箱，制冷系统老坏，反复修了好多次。我们商量是不是要换一个新的。后来，来了个师傅，一检测，发现冰箱的电压偏低，因为电压长期偏低才导致制冷系统一直出问题。

很多职场上的问题看起来跟冰箱一样，虽然制冷坏了修制冷，保鲜坏了修保鲜，都能起到短暂的效果，但根本问题可能出现在电压上，不解决根本问题，这台冰箱制冷还是会坏，无论如何算不上一台能够正常工作的好冰箱。

正因为如此，会不会工作、能不能工作与一个人的年龄无关，37 岁的人工作能力不一定就比 17 岁的人强。

关键在于你是如何理解"工作"与"职业"的。

有几类人分不清楚"工作"与"职业"的区别。

比如，有些人大学毕业那年才猛然意识到自己要工作了，于是拿着简历不知道该给谁，把"找到一份工作"当成目的。

又如，有些人觉得工作就是为了养活自己，所以找到一份待遇不错的工作就很好了。

再如，有人觉得工作的目的就是能升职、加薪，所以不能升职、加薪的工作就不算好工作。

还有人觉得工作就是要环境好、老板好、同事好，满足这些条件的工作才是好工作。

以上的判断从某个层面来说并没有错，但他们忘记了另一个词——"职业"。

我们进入职场，究竟是要找到一份工作，还是要确定一个职业？

说白了，如果一份工作仅仅是工作，那么它很有可能只能养活此刻的你。但是，如果一份工作你是按照职业的标准去选择的话，那么它能养活未来的你，以及你的家庭。

所谓"职业的参考标准"有很多。比如，这份工作是不是自己喜欢的？这份工作自己是否愿意投入大量的时间去钻研？即使离开现在这家公司，未来是不是也依然会从事相关的工作？你希望自己三年或者五年之后，成为这个行业当中什么样子的人？

如果这些问题的答案都紧紧围绕着某一个行业，那么恭喜你，你可能已经找到自己想要从事的职业了，而不仅仅是"一份养活自己的工作"。

当有人问我有关于他们工作的问题时，我通常会反问一个问题——你花了多久才决定去做这份工作的？

回到我自己的工作，头十年关于职业的选择，我把它总结为"3232"法则。

所谓"3232"，指的是你花在一份职业上的时间，三年，两年，三年，又两年。当然，这不是指一个人参加工作需要满十年，而是指你对于职场的思考时间。

就我个人而言，我的"3232"是从我大二的时候开始的。第一阶段的三年，我一直在思考自己究竟能做什么，对什么感兴趣。所以，从大二到大四，我花了三年思考这个问题。

第二阶段的两年是明确了自己的目标之后，就要靠实践去证明自己是否能胜任。后来，我花了两年时间从湖南电视台的实习生做起，毕业之后正式进入媒体行业。

第三阶段的三年是全身心地投入一个职业的时间。之前五年让我明确了传媒这个行业值得自己去奋斗。在这个行业中，我也找到了自己的职场榜样，所以不管出现任何问题，都不会改变我的目标。这三年必须义无反顾地投入，告诉自己不要被工资影响，不要被辛苦影响，不要被人际关系影响，因为我已经想得很清楚，我人生下半辈子都会待在这个行业中，所以眼前的障碍都不重要，重要的是三年后，我是否能拥有更多的经验，能脚踏实地在这个行业里扎根。

第四个阶段的两年，就是总结与重生阶段，利用过去八年的职场累积，开始为下一个十年的自己做职场螺旋上升的规划。

如果每个人的职业都有"3232"的过程，很多问题自然就能在过程中解决了。十年听起来很长，但经过这十年的任何人，都不会再为职场困惑了。即使有疑问，也能用明确的方法去解决。

"3232"的运用，无论你是高中生，还是"四十而立"。这是每个职场人都必须历经的过程，只是被简单地总结成了四个数字。这四个数字具体每个阶段多少年因人而异，重要的是这四个数字包括了"我能做什么，试试能不能胜任，那就全身心投入，以及总结、调整为下一步做规划"的四个阶段。

很多在职场有所成绩的人，也许并不知道"3232"的意思，但对比他们的职场经历，基本上都经过了以上提到的四个阶段。

如果你参加工作的时间单位叫作"工龄"，那么"3232"指的就是你的"职龄"。如果你的"职龄"从高中开始，那你进入职场上手的速度一定比大多数同龄人更快。相反地，即使你到了四十岁，如果内心并没有"职龄"这个意识，你依然会在"我能做什么"的圈子里反复兜兜转转，成熟的只是外表，内心依然焦躁。

这本书里所有目录里出现的问题都是这些年我在工作中遇到，或是有人问我的问题。而里面的每一篇文章都是我在工作当中的所思所想，它们不代表着"正确的答案"，但是我尽量让它们有理有据，能让此刻阅读的你"不那么焦虑"。

我回顾了一下自己的职场历程，我发现职场最大的难题不是老板坏、同事讨厌、工资低、加班时间长，这些都能随着你的成长而有不同的理解，职场真正的难题是"莫名的焦虑"。所以，解决焦虑，让自己心无旁骛，便能更坦然地面对未来。

读到这里，也许你会很好奇那为什么书名不叫"职场3232"，或叫"人生最重要的那十年"，而要叫"别做那只迷途的候鸟"？

有人说："我在不喜欢的城市上不喜欢的学校、读不喜欢的专业、身边好多不喜欢的人、找了一份自己不喜欢的工作、租着便宜但不喜欢的房子，还有不喜欢的上司……都不知道工作的意义是什么？"

其实，很长一段时间，我也觉得自己是求职候鸟群中的一只候鸟，努力让自己跟得上迁徙的时刻，一刻不停地往前飞，在人群之中才有安全感，可一个人回到家，又忍不住问自己：现在的工作与生活真的是自己想要的吗？

我常问自己这个问题，我害怕自己看起来是避寒候鸟中的一只，实际上我早已迷途。

我脑子里总有一个画面：一只鸟不知疲倦地飞着，以为前方有鸟群等着自己，以为前方就是南方，但某个闪失时早已迷途。

如果这本书里,哪怕只有一个问题的回答能让你所有感悟,调整了一点点飞行的角度,那这本书就有意义。

刘同

2018 年 5 月 28 日

目 录
Contents

Part 1

职业规划期：3 年

考研还是工作，哪一个更适合我	2
我明年就毕业了，现在的工作很难找吗	9
非名校毕业的我，要如何逆袭	13
我有勇气和梦想，为什么没人给我一次机会	17
每天都在看娱乐节目的我，为什么做不了传媒	21
没背景没资源，怎样才能进入理想的行业	26
工作的意义是什么	30

Part 2

职场实习调整期：2 年

我是来公司学东西的，为什么老让我打杂	36
我也曾是热饭小王子	40
实习生应不应该拿快递	48
没人注意的实习生，怎么给自己创造机会	50
简历做成什么样，面试官才会对我印象深刻	54
工作一定要穿职业装吗？自己的个性都没了	61
想要成功求职，面试前要做哪些准备	67
如何设计开场白，对方才会对我刮目相看	70
HR 最讨厌哪种类型的面试者	73
招聘现场，怎样说才能打动面试官	76

Part 3

职场炼狱期：3 年

初入职场，有没有一条捷径	82
同样的职位，怎样才能做得比别人更好	86
你觉得这个岗位不适合你，到底是岗位太差，还是你太差	92
开会发言，为什么我总是说不到点儿上	95
为什么我很害怕跟合作者打电话	101
跟客户谈判时老是很慌乱，问题出在哪里	108
凭什么我的付出最后都成了别人的功劳	111
我觉得自己是对的，为什么同事都不听我的	115
背后遭人诋毁，该退让还是对抗	120
同事总是处处针对我，我要跟他对着干吗	124
想成为一个有魅力的人，就要学会化解尴尬	127
处于弱势局面，别等死的自救方法	131
领导说的都是对的吗	135
工作中要不要站队？感觉好累	139

怎样跟老板谈加薪　　　　　　　　　　　　　　144
现状与期望差太远，我要继续坚持，还是离开　　147
事情根本就是做不完的，为什么我们要为工作那么辛苦　151
既然决定干下去，所有的付出就都不白费　　　　156

Part 4
自我突破职业上升期：2 年

做自己感兴趣的事，还是追逐当下的"好机会"　　162
工作已经这么忙了，每天还能有多少时间留给自己　166
别人的励志故事对我有什么用　　　　　　　　　171
面对沟通失效，我该如何应对　　　　　　　　　175
什么样的人享受不了过程，也得不到一个好结果　179
每个人都有自己的那把钥匙　　　　　　　　　　183

Part 5

八封职场家书

那些比我差的同学都找到工作了，我为什么还找不到　　188
跨专业找工作真的很困难吗？尝试了很多次都失败了　　193
工作不开心，生活很无聊，我是不是该辞职　　198
身边的同事都特差劲，我要不要换个工作环境　　202
凭什么升职、加薪的不是我　　206
一直没能升职、加薪，做个老好人难道不对吗　　210
为什么我用真心待人，别人却没有用真心对我　　214
每天面对吐槽和抱怨，我怎么才能强大起来　　217

Part 6

我的职场十年

生活里的光,都是那些微不足道的成就感	222
坚持,并希望越来越好	225
如果每天没有进步,那十年后的你,只是老了十岁	231
有些苦不值得抱怨	235
不要在你上坡的时候欺负人,因为在下坡的时候你会遇见他们	238
不要怕被人利用,每个人的价值就是被利用	241
每一段现在的凄苦,都能成为一枚未来吹嘘的勋章	246
标准是人建立的,你要去做建立标准的人	250
立定跳是没法晋升的,只能迈出一步,再迈一步	254
不要太把自己当回事	259
柔软是一种力量	262
人生最怕的就是干着急	266
到底怎样才算专业?可能这 22 个细节远远不够	270
后　记	275

Part 1

职业规划期

3 年

这个阶段从任何时候开始都可以，但每个人都必须要经历这个阶段。我真的见过很多三十好几的人，你问他们到底想要做一份怎样的工作，他们很难说清楚。到最后，对工作的评判标准只能集中在工资上，工资高就去做，工资低就不考虑。往往这么去评价一份职业的人，很难拿到更高的工资。如果没有认真做过职业规划，那么你就永远都像是漂浮在海上，漂到哪儿算哪儿，哪儿有工资就去哪儿。而有职业规划的人，更明确地知道自己的方向，知道自己的力气应该往什么地方使，在什么地方积累经验，然后慢慢地成为那个行业的精英或专家。

如果你高中就能有职业规划的意识，那么你就有更多的时间去准备、去学习，你也会比同龄人更明白自己要做什么，而不是无所事事。

如果你大学才有职业规划的意识，也没问题，起码在大四毕业那一年，你能对自己的选择负责。

可事实是，还有很多人直到进入职场之后，才开始有这样的意识。因为没有经历过职场规划和调整期，直接进入炼狱期，过快的节奏和压力让他们喘不过气，认为人生似乎就只能这样，无法再轻易改变。其实，职场规划从任何时候开始都不晚，只要你能确定自己在哪个阶段，就能重上轨道，而不是慌乱无章、随波逐流。

所以，职场规划是最重要的一步。它能让你少走弯路、少撞南墙，比别人更有自信地站在起跑线上。当枪声响起，你会心无旁骛地朝你认定的方向奔跑。而那些没有规划的人，要么跑错了方向，要么只能跟着别人跑，全然不知道自己的终点。

那么接下来，我就从个人的角度聊聊我看到的职业规划期。

> 对很多人而言，大学毕业是进入社会还是继续读书，这是一个很严肃的问题。

考研还是工作，哪一个更适合我

　　人活在这个世界上真的好辛苦，各种信息和资讯疯狂爆炸，如果想得到一个正确的答案，我们就必须了解所有的信息，可基本上很难做到这一点。所以，我们就常常被道听途说来的信息所影响。正因为我已经发现自己无法从芸芸众生的建议中找到真正的答案了，所以我只听自己的：我究竟想要做什么？

　　这个方法成功的关键点在于——不要欺骗自己。

　　比如，那时我考上湖南师范大学，在很多专业中选择了中文系。有人问我父母为什么我要选中文系，父母的回答是：中文系是万金油，什么工作都能做，比较好找工作。同学问我为什么要选中文系，我的答案是：因为湖南师范大学的中文系最吃香。高中老师问我为什么要选中文系，我的回答是：我觉得我的性格比较适合坐办公室，懂得察言观色和与人打交道。

以上种种答案，都是我为了让别人能够认为我选择中文系是理所当然的。现在看来确实如此，很多同学要选择中文系，无非也不过这几种理由。

但是，如果真的因为如此，导致大学的几年，为了让自己成为万金油，为着自己将来要坐办公室，为着自己有一张好文凭而奋斗，那就是从骨子里把欺骗别人的理由当成了自己的信念。

在我爸宴请一大群人祝贺我考上湖南师范大学中文系的前几天晚上，一个发小问我为什么要选中文系。我想了很久，很无奈地回答他："那请你告诉我，就以我现在什么都很差，什么都做不好，没有任何耐性的情况来看，我还能选其他什么专业？"

我选择中文系只有一个原因：除了语文我还能勉强看一看，其他的专业我压根儿没任何兴趣。正因为我知道这是我唯一有可能会产生兴趣的专业，所以未来的四年里，我要做的就是让自己对中文系产生兴趣，而不是因为中文系是万金油，不是为了拿文凭，不是为了找一个体面工作——我真的只是让自己更舒服一些而已。

漫画家蔡志忠十五岁时（初中二年级），奇迹般地击败了另外二十九名应征大学毕业生，进入了光启社。编辑问他："怎么那么笃定我们会要你这么个没文凭的人？"他说："做人最重要的就是要了解自己。有人适合做总统，有人适合扫地。如果适合扫地的人以做总统为人生目标，那只会一生痛苦不堪，受尽挫折。我知道自己能画，也喜欢画，所以我就适合做一个画漫画的。"

能够真切地认识自己，是件多么幸运的事。

我们活在这个世界上，对别人的各种解释是出于应付，欺骗自己就说不过去了。你理解并认同的那句话，就是你此生应当努力的方向，而不是你曾告诉别人的一句话。

所以，回过头，你究竟是想工作还是考研？

有的人考研是因为家庭条件好，不需要急着工作。

有的人考研是因为自己还没做好工作的准备，准备先在学校待个几年缓冲缓冲，好确定目标。

有的人考研是为了拿文凭，奔着某个硬指标的工作岗位而努力，比如公务员，或留校当老师。

有的人考研是因为本科毕业生工作难找，一毕业就失业，那还不如延迟毕业。

有的人考研是为了换个城市、换个学校、换个专业，为人生重设一个转折点。

有的人考研纯粹是因为对知识的热爱。

在以上众多答案中，哪一个是你的答案？

很多人选择考研，他们会说："呃，因为其他人都要考研，所以我觉得我也要考。"于是，你就被挤上了那条叫作"考研"的船，朝着一个你不知道的方向前进。周围的人胸有成竹，人手一本《孙子兵法》，只有你，混了进去。上了船不知道船前进的方向，下了船又不知道自己该往哪儿走。

好，放弃考研，聊聊工作。

比如，销售这个岗位你了解吗？

销售，做到最后，要让你的客户一天看不到你，心里就不踏实，人会变得消瘦。鉴于市场上关于如何成为金牌销售员的书太多了，这里我只简单地说两句。销售都是卖产品的，你的客户要使用你的产品，使用次数越多、数量越多，你就是越好的销售员。可人家凭什么要用你的产品，而不是别家的？很多年前，我问过几个做销售的朋友，他们都很隐晦地说："哎呀，我们自然有自己的路子。"听起来好像是什么私下的交易，而这样含糊的回答也让更多想从事销售的新人觉得"给回扣"可能是成为好销售员唯一的办法。

先暂时抛开违法不谈，退一万步讲，如果你的竞争对手能给更高的回扣，那为什么人家要用你的产品，而不是别家的？一些销售员想了想，梗着脖子回答："那我还会给得更高！"这就是为什么有些工程，需要用钢筋的使用了竹竿，需要用水泥的用了泡沫……行吧，这样的算销售吗？还能好好谈职业吗？

我见过一个刚毕业的传媒销售员，他对销售没有任何概念，对客户也没有任何概念，可是一年的时间，他就做到了全公司销售第一。在发表获奖感言时，他说："我给客户们的第一次提案，客户们对我都没什么好脸色。给我安排五分钟的见面时间，就已经很给面子了。所以，我必须在五分钟之内，让对方觉得和我这一次见面，不会是浪费时间的见面，起码得让客户觉得我这个人值得见第二次面。因为我见过太多的销售员上来就说'我们有什么，你们缺什么，我们可以卖给你们什么，价格好说'。几句话就把谈话的格式给定了。所以，我一般上来就说：'你们用的是什么产品，最近做了哪些活动。听说你们的竞争对手做了一些活动，我觉得挺好，但是我们刚好有一些好的节目方案，是竞争对手忽略的……'

"放心吧，当你说到这儿的时候，你说的内容，就是他们一会儿打发了你之后，需要去开会的内容，但你居然提到这个部分了，他们觉得不如把会议室挪到这里，顺便听听你的建议。所以，我十次有七次的结果是，我的客户打电话让他的其他同事一起参加我的提案。当然，也有很多次我失败了，或者我所提供的传播方案最终不能和对方所匹配，但是客户对我都产生了一定的信任感。一旦他们有什么新的产品要进行推广的时候，都会主动给我打电话，希望听听我的方案。"

有人私下问他："那么，你难道从来不提回扣的事情吗？"

这个新生代的销售员反问："你会和你不熟的人谈回扣吗？一个陌生人上来突然对你说'我要给你回扣'，你不会被吓到吗？"

"当然会。"

"所以，在销售员和客户彼此的信任感还不够深的时候，任何涉及灰色收入的事情都不能提。"

"那你到底会不会给回扣呢？"依然有人问。

依然在问回扣的这些人，我觉得他们一辈子都做不好销售，因为他们根本就没有听出这位年轻金牌销售员的言下之意，他们都认为做销售就是搞关系。

在这个时间就是金钱的社会里，谁愿意花时间和你搞关系？关系怎么搞？你以为你请人吃个饭，你们的关系就好了？真正有价值的人时间值钱多了，他不会花时间让你来浪费，来搞关系的。最好的方式是在他每天感兴趣的话题上和他找到共鸣。这里说的共鸣不是谈爱好，不是攀亲戚，那些教你们用各种旁敲侧击的方法取胜的销售技巧都是骗人的，你们要谈的是专业。当你真的能够帮助到他的工作时，他自然会对你产生信任感。一个本身不专业、喜欢搞歪门邪道的合作者，自然会让你走上歧途，这样的甲方不在我们的讨论范围之内。

我有一个朋友被某饮料客户连续拒绝了10次见面，最后他做了一个该饮料在校园推广的方案，长达88页，发到了客户的邮箱里。第11次，他获得了见面的机会。现在，该饮料的客户已经和他合作了5年，无论他跳槽到哪儿。他的感触是：要做一个好销售员，在搞关系之前，必须要用专业的态度让客户信任你，否则一切免谈。

说到这儿，你应该明白了。我们常常道听途说、本末倒置，以为那些听到的就是我们唯一能做的。殊不知，这些障碍都是那些聪明人拿来陷害后来者的道具罢了。

所以，无论是工作还是考研，似乎都很难，没有任何一条路是你选择了就能驾轻就熟的。想要继续读书，首先你要了解自己真正的需求。想要工作，首先你要了解这份工作真正的需求。**不要把别人的决定当作自己的选择，不然你就过了别人的生活，一生都难以找到自己。**

> 对于成绩好的同学来说，考研很简单。对于准备好要工作的同学来说，找工作也不难。

我明年就毕业了，现在的工作很难找吗

大学毕业生的人数年年都在创历史新高，但大多数企业的工作岗位是固定的。上个星期，我问某个在播音主持系当老师的朋友："你们的毕业生找工作的情况如何？"他一脸愁容，反问我："那天，你的微博还写从小看着何老师的节目长大。那时我就在想，何老师已经立在那儿十几二十年了，也还将立在那儿十几二十年。即使他退下来，也只有一个岗位。我每年百来个学生，全国几万个学播音主持的学生怎么办？"把学生找不到工作归根到没有岗位似乎有点儿无理取闹，但这个市场确实又不需要太多的主持人，这么听起来似乎又有点儿道理。

这位朋友告诉我，他们班上有将近 100 个学生，70% 的毕

业生档案被打回原籍，也就意味着他们没有接收的单位。

"那不是还有 30% 的学生找到了匹配的工作吗？"我问。

"剩下 30% 的学生有的考研，有的进了传媒行业，也有的转行了。"

"转行？能做什么？做得好吗？"

跨专业找工作是很多毕业生的心理障碍，但有数据报告显示每年有超过四成的毕业生跨专业求职。自然，我对这个比较感兴趣。

说到这儿，朋友的心情好了点儿，说起他的一个毕业生。

这个女孩是学校活动的主持人，暑假时其他人都去电台、电视台实习，只有她选择去汽车 4S 店实习。当时，我朋友也觉得奇怪，不过觉得学主持的多看看各种行业也好，也许对未来的工作有帮助呢。隔三岔五，他也会打电话问问情况，毕竟一个女孩去 4S 店卖车不是一件容易的事。刚开始的几天，她很困惑，在那样一个以销售业绩为导向的环境，每个销售员都为卖出更多的车而努力，谁都顾不上她。她去了三天，没人带她吃饭，没人告诉她规矩。即使给她分配了师父，师父也没空搭理她。即使这样，她那几天发的朋友圈也满是各种鼓励的正能量。看了几天后，她发现到店的顾客跟她没什么关系，她顶多倒倒水，带订车的顾客走走流程，然后就观察其他人在做什么。

慢慢地，她发现，大多数顾客不是主动上门的，而是电话预约好才来的,而电话预约的顾客都是在网上留言,或咨询过问题的。于是,她决定每天帮师父上网回答更多顾客的问题,尽可能回答得仔细、诚恳。等到顾客愿意留下自己的电话时,她就成功了一大半。给顾客打电话对于其他销售员来说,是件特别难的事,但对她来说却再简单不过了。她大二时就去电台做过主持人,也一直在学校广播站做主持,考市级广播台初试是第一名。一个这样的人给顾客打电话,基本上她联系的顾客都能确定看车的时间,甚至和她在电话里成了朋友。因为这个优势,她成为公司电话预约的保障。不到一个月,她和师父的销售成绩就成了门店第一。

"除此之外,4S 店常常会做一些优惠活动,组织一些联谊活动。以前都是普通职工上去主持,现在自然而然就变成她主持,以至于在场的顾客更倾向于相信她。再加上她又好学努力,素质也不错,本来她只是那个汽车集团某个二线品牌汽车的销售员,现在被总部调去直接负责一线品牌汽车的销售了。我问她做销售员会不会觉得怪怪的,她说:'我知道我能做什么,就有底气。我也知道未来我想做什么,就有方向。现在,这个职位不是我最想做的,但是我觉得这样做下去,就一定能做到那个位置。'我问她想做什么,她说想做一家 4S 店的店长。如果未来还有可能,做总经理也不是不可以。"朋友的话语中,都是对自己学生的褒奖。我戏谑地看着他,问:"所以,你觉得那么多学生找不到工作是因为岗位太少了吗？"

他立刻反应过来"掉进了坑里"，哈哈大笑起来。

从他那儿回来之后，我写了一条微博："知道自己能做什么的人，只要愿意，一般都能找到工作。只知道自己想做什么的人，想来想去，往往都很难找到工作。知道自己能做什么，又清楚地知道自己想做什么的人，一般都能找到一份离理想不远的工作。一个人找不到自己，才显得找工作有点儿难。"这或许不是找不到工作的正确答案，但却是能给我一些启示的答案。

话说回来，找一份工作难吗？其实不难。各种快餐店的服务员、外卖员、快递员、手机软件维修人员，这些为生活提供便利的服务岗位，只要你愿意做、喜欢做，自然能养活自己，而且收入不错。但是，如果你想找一份自己喜欢的工作，除了要知道自己的特长、有拿得出手的专业，还得有一些"过人之处"。而所有的"过人之处"都是长时间积累下来的，就像那位去4S店工作的女同学，标准的普通话是她的专业，现场主持活动是她的胆量，在电话里约顾客上门看车靠的是她在日常生活中锻炼的交流能力，能帮新顾客将汽车从头到尾每一个部分都讲解清楚是她的学习能力……我学这个专业就只能做这个专业的工作吗？真的不一定。如果我们能尽量多地、尽量早地挖掘出自己身上的优点，会发现原来很多工作自己都是能去"够一够"的。

> 现在很多公司、单位对简历的要求都很严格，有些单位只招"985"或"211"毕业的学生，是不是对我们这些学校的同学很不公平？

非名校毕业的我，要如何逆袭

在微博上收到一个提问："同哥，或许您会觉得我问的问题很狭隘，但还是想听听您的意见。来自小县城的非名校毕业生该如何逆袭？创业潮太"汹涌"且时间成本太高，进名企又需要高学历，考研刷学校是最好的途径吗？难道真的一步错就步步艰难吗？该怎么努力才能有立足之地？"

在回答这几个问题之前，我首先要从个人的角度纠正一下问题当中的几个误区。

首先，创业的人太多，于是你觉得竞争太激烈，觉得自己不适合创业。请问现在什么事情做的人很少、竞争不激烈，等着你去做？现在，任何事一旦有了苗头，大家都会去做，而且不辞辛苦。什么样的人才能发现机会？就是那些每天和人竞争、在竞争中寻找机会的人，绝对不是坐在那儿等着发现机会的人。

其次，你认为创业的时间成本太高。请问为什么有人能考上名校，有人考不上？是靠运气吗？恐怕很少有人真的能靠运气考上名校吧，绝大多数人都是因为小学努力、初中努力、高中努力，在别人玩、放空、无聊、谈恋爱的时候努力，所以才能考上名校，他们的成本不高吗？相比之下，如果他们找工作更容易，或者获得机会更容易的话，最重要的原因不是社会的学历歧视，而是他们曾经付出了相比之下更多的努力（高考突然考砸的人不算啊，但如果是突然考砸的话，那么重新考肯定没问题）。

又次，考研到底是为了学习，还是为了文凭？这个值得商榷。我想分享我一个朋友的故事：90后，三线城市，高考650分考入北京师范大学，毕业时是全国优秀毕业生，拿着简历去了世界级公关公司实习，然后到世界级数据调研公司工作。工作一年之后，他觉得自己能力不够，决定去美国深造。回国后，进入某世界五百强做管培生，做了两年，现在重新调整定位在链家公关部。我觉得他实在是太折腾了，但是他觉得：既然知道自己不行，为什么不努力去多深造、学习一下呢？

我想说明的是，深造不是因为你现在走投无路了，只能去拿文凭，而是你想变得更好，必须找一个能真正提升自己的地方。总之，抱着刷文凭的心态考研的人，我非常狭隘且愚昧地觉得：他们就算找到了一份好工作，应该也做不长久——因为他们并没有找到深造的本质原因。

再次，你说的："难道一步错，就步步艰难吗？"如果你真能有勇气迈开第一步，你能在行为中反思并立刻纠正错误，即使第一步错了，你也不会步步艰难。可是，你的提问让人感觉："反正我以前成绩不好，没考上好大学，现在我进社会了，难道就不能给我一个重新来过的机会吗？"说实话，真的不能，人生是一个累积经验值的过程，你的经验值不够就没有办法升级。大学之前没有吃够的苦、学够的经验，必须弥补回来，没有办法假装一切能重来的。

最后，说个题外话。

关于县城和城市的话题。简单来说，如果你觉得城市户口很重要，那你现在就努力争取拿到城市户口。这样，你的孩子就不需要那么辛苦，而不是抱怨自己的竞争者都是城市户口。哪怕他们没努力，他们的父母也曾经很努力或者很走运。人可以比能力，但千万别和其他人比运气，运气是没什么可比性的。省下抱怨的工夫，自己努力，造福后代吧。

如果一个人的问题从认知上就出了错，那么答案便不重要了。

为了表达清楚我的观点，我再说说逆袭。从大的范畴而言，我觉得逆袭适合于一类人群，就是愿意为了自己的目标不断地学习、反省、努力、坚持、改进的人。"逆袭不按人群的层次分，按人性的本质分。"这句话在一部分没有目标的人看来，肯定觉得，又是一顿"鸡血"。但是，对于已经在努力改变的人来说，他们肯定知道意味着什么。

我的总结是：第一，县城非名校毕业生逆袭和城市名校毕业生逆袭是一回事，都需要付出一样的努力；第二，任何事都需要付出时间成本；第三，天上不会掉馅饼，你不比别人付出更多，就不可能得到更多——如果你想轻而易举就获得更多，那你就要承担违法的后果；第四，这个世界的获得与付出绝大多数是成正比的，没有捷径——对于极少数不成正比的人来说，那是他们运气好，比不了。

有时候，我们很难做成一件事，是因为我们的认知出了问题，还远远没有到谈能力的时候。

> 如果不想努力，又没有准备，只有勇气，那这也不是勇气，而是走投无路的破罐子破摔。

我有勇气和梦想，为什么没人给我一次机会

有一天，正在开电影《横冲直撞好莱坞》的策划会，我突然觉得特别缺人。以行业招聘更准确的话来说，我们并不缺人，而是缺好人。当然，在工作岗位上，"好"这个字并不是会说话、心肠好，而是能干事、废话少。

也就在觉得缺人的同时，我在微博上发了条招聘启事，大致意思是：我们很缺和我们一样的逗B青年，如果你逗B，而且很会新媒体营销，请用以前写过的原创微博（要求1），为《横冲直撞好莱坞》想一个微博文案（要求2），和你的简历发到我们的邮箱×××@××.com（要求3）。

第二天，我收到两千多封邮件。有一些邮件长篇大论说自

己的人生，就是不直接回复我们的要求，所以我只能特别仔细地从头看到尾，最后发现压根儿就没有我们要的回复。有一些邮件发来的材料特别多，巨大的文件需要下载解压缩。还有一些根本就不符合基本要求，要么没有简历，要么没有原创微博，要么没有微博文案。

有的邮件写：没发过原创微博，也从来没接触过传媒专业的东西，只是想这是一个机会，试一下，万一成功了呢？

有的邮件写：我对你们的工作特别感兴趣，但是在发资料之前，我想多问一句，你们的待遇怎么样？

有的邮件写：对不起，我没有做微博文案的经验，但是请相信只要你给我一个机会，我就一定能完成你交给我的任务。

……

看到这样的邮件，我的内心是极其生气的。原因很简单，这些应聘者对自己都不满意，却天真地相信这个世界上会掉下来一个馅饼。我把邮件的截图发到了家人群给表弟、表妹们看，以此告诉他们，如果他们找工作的话，请更认真地对待一下自己。

其中一个表弟看到截图后说："我觉得挺棒的啊，虽然他没有写过原创的微博，但起码他敢给你发邮件应聘。光是这一点，就比大多数人勇敢。你为什么要批评他呢？"

为了让他知道自己的无知,我把给他们发的图片内容,配上一段文字发了一条微博:不要把这个世界当成彩票,所以没有万一。即使你想拥有万一,也得先付出价值两块钱能换张彩票的努力。

　　我想看看大家的态度,最后却证明了我的无知。

　　有条留言被赞了好几百次,态度和我表弟类似。最后一个回复说:"你难道就没有梦想?万一实现了呢?不为别的,就为这位朋友的勇气点赞!反正我是没有勇气发的!"说实话,看完这一条的时候,我愣了。一个人从来没为一份工作付出过努力,仅仅是想凭运气得到一份工作,这也能被称为"梦想"?我觉得这不是梦想,这是白日梦。至于勇气,我觉得很多事情光靠勇气是不够的,还需要能力,以及诚意。

　　当然,也有很多人不同意被赞最多的那条留言,这令我颇感安慰。表弟不失时机地给我发来一条消息:你看,我就说了吧。

　　当时,我的心情确实很糟糕,我并不想倚老卖老,但我真的很想对他说:"我付出了多少努力,做了多少准备,才能在大四毕业那一年考入湖南台进入传媒行业,我怎么能忍受连一条原创文字都没有写过的人,仅凭运气就妄想进入这个行业呢?这不是对我不公平,而是对这个行业的亵渎。"

当然，这些话我都没说，我写了另外一段话送给那些理解并想努力的同学，我说：既然有挺多人觉得这位同学有勇气、做得对，我就平静地接受。但是，借这件事也想告诉另外一些同学，正因为这个世界上很多人能接受"不付出就能得到的万一"，所以只要你"真正努力过"，你就能立刻和别人不一样，就能超过那些相信"万一见鬼"的人。

所以，谢谢那些把机会留给我们的人，也谢谢那些时刻准备着放弃每一个机会的人。

> 现在，让我们具体来谈一下什么叫爱好，什么叫热情，什么叫专业。如何区分这三者，如何将这三者融合。

每天都在看娱乐节目的我，为什么做不了传媒

我工作是为了养家糊口。

我工作是被家里人逼的。

我工作就是想每天玩，老板还付费。

以上三个选项，如果让你选，你选哪一个？只要不傻，都会选三吧？但是，如果让你从中选择一个符合自己现在处境的选项，选三的人就少之又少了吧？

有同学问："我超爱传媒的，我恨不得从生下来就从事传媒业。我现在每天都看各种娱乐新闻，看各种电影，我就想进入传媒这一行业。请问同哥，我该怎么做呢？能不能推荐相关的书？"

这位同学，你觉得我会信你吗？会信你超爱传媒？

如果你喜欢一个女同事，喜欢到茶饭不思、夜不能寐，而日益憔悴，那你唯一要做的事情就是表白并追到她。你都这样了，你的大脑应该早就在你伤神时想过一万个可能性了吧。如果遇见她，怎么搭讪；如果遇不见她，怎样找个机会搭讪；看了她的微博，知道她喜欢吃牛蛙；看了她朋友的微博，知道她原来最喜欢唱梁静茹的《可惜不是你》；通过链接又进了她的博客，发现她最新的博文是上半年发表的，那是因为她受了一次情伤，男朋友劈腿把她甩了，她超级恨花心男；她曾经向往的爱情圣地是普罗旺斯；她时常会想念父母给她做的糖醋小排……

于是，你组织了一次少量同事的聚餐，当然少不了她。点餐时，问她是否喜欢吃牛蛙，因为你打算要一份水煮牛蛙。然后，餐间不经意说想吃糖醋排骨，因为你家人做得特别好吃，自己也会做。同时，借机说一下自己上一段感情失败的经历，也是被甩得"昏天暗地"，为何做一个老实人总是会受情伤，你觉得世界上总有一个人理解你的心情。吃完饭主动提出去 K 歌，然后点男生版的《可惜不是你》……好了，我不用再说下去了。如果这样你都获得不了这位女同事的关注，要么证明你根本入不了对方法眼，要么证明你演技太差，差到对方一眼就看出来你醉翁之意不在酒。

既然对自己喜欢的人能想出那么多方法，为什么对于你爱的行业，却连看一本什么书都不清楚，还要来问我？

什么叫爱传媒呢？

面试的时候，这是一道很常见的考题。很多同学的回答是："《快乐大本营》《康熙来了》我每期都看哦。"

你再问："它们都好看在哪里？"

大多数回答是："它们的主持人好好笑。"

"还有吗？"

"没有了。"

拜托，你不就是一个观众吗？你喜欢吃水煮鱼，你就来挑战做水煮鱼的大厨师，睡醒了吗？

当然，爱传媒的孩子会这么回答："《康熙来了》里嘉宾说的每一个故事都很好笑。每一期节目里，每个嘉宾会有两三个故事保底。现场再挖，再爆料。主持人如果忘记的话，早期他们会写成提示板进行提示。"

爱传媒的孩子还会这么回答："《康熙来了》有五个机位，一个游机，一个摇臂，三个固定机位，应该还有轨道……"

姑且不论答案是否正确，想做传媒的同学，与喜欢看电视节目的同学的回答是不一样的。前者会涉及电视节目制作的工序，后者仅仅是表达了一个观众的喜好。尽管你再三强烈地表达了你对电视节目的爱，我们也只能发一个"优秀五号超元气电视观众"的匾给你，然后 say goodbye（说"再见"）。

如果你爱它，你对它的感觉当然就不会仅仅停留在表层。你会开始研究，开始分析。当你明白里面的规律之后，就会越来越明了。斗志告诉你，你也要做一个如此牛的节目才行。于是，你上班是节目，下班也是节目；坐公交车是节目，等地铁也是节目……节目，节目，节目……当有一天你突然发现，你的生活等同于节目时，恭喜你，你已经不自觉地将你的工作变成了你的生活。你感觉不到工作的压迫，是因为你征服它了。你不再为它所累，而是：你想它，它就出来；你不想，它就静静地趴着，也不让你焦虑。

真正的传媒人骨子里都流淌着创意，生活中信手拈来的创意便做成一档收视率奇高的节目。可是换成普通人，或者普通传媒人，谁有这个本事呢？

在日常生活中，我们见到陌生人，总是会猜测：他是谁？看他的打扮他是做什么的？他一个月能挣多少钱？于是，欧美有了一档节目叫《身份》。

在日常生活中，我们边走路边哼歌，永远都是记得曲调，忘记唱词。于是，欧美又有了一档节目叫《合唱小蜜蜂》，演变过来就是《我爱记歌词》。

在日常生活中，我们常常忘记一些最基本的知识，却又自诩越来越聪明。于是，节目组派一群小学生和你比小学试题。纵使你是哈佛大学的毕业生、资深律师，我们要看的就是你落荒而逃，然后当着全国电视观众的面说一句：我不如小学生。于是，有了一档节目叫《你比五年级小学生聪明吗》。

还有好多……

做电视难不难？仔细想想好像不难，再仔细想想其实挺难。

做传媒没有做不到，只有想不到。

但是，如果你真的爱它，你一定能想到，而且能异想天开。

如果你真能把兴趣做成你的工作，你的人生起码成功了一半。

> 这是我看到的想进传媒行业的同学的努力，或许对有些人会有所触动。

没背景没资源，怎样才能进入理想的行业

在一两年之前，我在微博上注意到一个人，他常常会 @ 我，然后附上他新拍的一段视频、一段文字或者自己制作的一些海报。我并没有时间看完他的作品，但一来二去，对他的微博名字倒是有了一些印象。

某天出差途中，又看到他 @ 我，点进去看是一段小视频。我花了一分钟时间看完，觉得被触动了，然后把他之前发在微博上的作品看了看，记住了这个人的名字。我并不知道他未来的梦想是什么，但我觉得他挺敢想敢做的。有一天录制《职来职往》，我对主编说："微博上有一个人，你们可以联系他一下，看看他是否有意愿来参加节目。"

后来，导演告诉我，他同意来参加节目录制，求职方向是节目编导。然后，我就在录制节目现场见到他了。他其貌不扬，戴着眼镜，瘦瘦小小的。很多老师问了他一些问题，他显得不是特别自信，老老实实地把自己的观点说了出来，唯一能留下印象的就是他很真诚。

后来，我问了他一个问题——当时我所在的娱乐节目组刚报上来的选题：一对明星结婚了，他们给节目组寄了一张明信片以及一盒四颗的巧克力。我问他：如何根据这个线索做一条新闻？

他沉默了一会儿说："先去微博搜索关键词，看看还有谁收到了明信片和巧克力，然后看看是否有人收到的巧克力颗数不同。还可以把收到巧克力的这些人一一列出来，看看他们行业的分布、区域的分布，然后根据快递的电话找到快递小哥，问问他今天给多少人寄了同样的快递。不能只知道是全北京城的，至少要知道这个区域会有多少，巧克力是否一样。最后还要打电话给巧克力的品牌公司，问问这是否是他们赞助的。如果是赞助的，赞助了多少。如果没有赞助，就顺便恭喜他们，这免费给他们打了一个巨大的广告。"

说这些的时候，虽然他的语言并无吸引力，但逻辑清晰，感觉他全身心投入在这样一个策划案里。我爆灯选了他。求职成功后，他说了一段话，大概的意思是说：很多年前，他就想进这个行业，一直在努力靠近，今天他靠自己的能力靠近了，他知道自己可以，他会更努力的。

我们成为同事之后，他确实把很多的精力都放在了工作上。在微信群里，任何同事发了自己的东西，他都会第一时间提自己的意见，也不管别人的感受如何。有同事会觉得他一个新人胆子也太大了。我有时开玩笑，问他怎么不考虑别人的感受，他说：“把一个东西发到群里，就是要听意见的。如果没人给我提意见，我才会难过，因为表示没人在乎我。”一开始，他因为不近人情而屡遭同事非议。时间久了，同事对此似乎已经习惯了。再后来，他们也开始在群里提意见，理由是：大家都在说话，我不说，好像显得我特别没想法。他把公司配置的电脑退了，自己换了台大的苹果台式机，说是效率高、速度快。他每天很早来上班，很晚才下班，说是工作起来特别有干劲，反正他自己也没什么别的事，可以多做一些工作。

大概大半年之后，突然有同事对我说：“你知道吗？他一直住在公司旁边居民楼的地下室，特小一间，进去转身都难，里面什么都没有。他不回去是因为里面太吵，那个地方也就能睡觉。”说的时候，同事的眼泪都快掉下来了。我能明白她的意思，一个看起来干劲十足、各方面都要求甚高的人，大半年默默一个人住在地下室,即使对比我们北漂的头几年,也是太苦了。

有一次回他的母校宣讲电影,我问他:"你家庭条件也不差,为什么要住地下室?"他说:"想趁还能吃苦时赶紧吃点儿苦,以后不是没苦可吃了,而是怕自己吃不了苦了。"

年轻时没什么资本,哪有多少亏可吃?想好了就要全身心投入。我不知道他能在这一行走多远,但我喜欢他对事情的态度:简单,坚定,果断,不反复。如果每个年轻人都能如此,即使失败了,我想他们也不会有多少遗憾吧。

> 最后,在各位进入职场之前,我们来探讨一下工作的意义究竟是什么。

工作的意义是什么

对于很多年轻人而言,工作与生活似乎是两个格格不入的概念。

比如"校团委老师又找我们部门的碴儿""公司周末非得开活动的总结会议",这是我在校园宣讲会上听到的来自大学生以及参加工作的年轻人的部分抱怨。我长了一张无公害的脸,所以他们看不到我内心燃烧的熊熊火焰。

抱怨老被老师找碴儿的男孩二十出头,是学生会的部长。我问:"你说老师又找你们的碴儿,你抱怨的到底是老师总针对你们,还是因为你们总是有碴儿让自己很尴尬?"听完我的问题,男孩支支吾吾地回答不上来,硬着头皮说:"在学生会工作本来就已经是我业余时间的付出了,老师还老看我不顺眼,总是把精力花在让我难堪上,我每天都被整得很尴尬。你说她难道不是故意的吗?"很多人都是这样,一旦觉得人与人之间的信任出了问题,就无所谓事件本身的正确与否,全部转移到了人际交往的层面上来。

我说:"第一,你会尴尬,证明你确实被抓到了把柄。那为什么你总是能被抓到把柄呢?只能证明你总是会出'问题'。第二,如果老师不找你的碴儿,你依然过得很快活,证明你还没有意识到这些问题。第三,你活在自己的世界里,觉得自己特完美,但有一个人每天把时间花在你的身上,让你知道自己的问题在哪里。连你都不在自己身上花时间,凭什么别人还要在你的身上花时间?老师欠你的?第四,不要认为你花了自己的业余时间在学生会,你就达到要求了。在学生会的工作,可以看作是对自身素质的测试。如果你本身出了问题,要考虑的是如何改变自己,而不是想着如何阻止别人发现你的问题。也许至今你都不知道自己到底有什么问题,因为你根本没有把心思花在解决自身的问题上,只是在想老师为什么要让你难堪。"

男孩被说得很尴尬,但是我相信,这种尴尬纯粹是醒悟之后的尴尬。其实,很多问题都是类似的,如果每个人都能把自己的工作当成生活的一部分,或许就不会那么排斥工作了。就拿活动总结会议来说，如果你认为这一份总结不仅仅是工作的总结，还有自己对于某个事物判断的总结，或许你就能很好地接受它了。

小王刚参加工作一年，完全没有办法接受公司加班。她认为公司加班就是在占用她的个人时间。我问她："公司之所以急着开总结会，是因为出现了问题吗？"小王说是的，但是她又补充了一句："反正周一就上班了，也能总结，为什么非得周六总结？"

"究竟是出了什么问题？"我问。

"我们去机场接活动嘉宾，司机的时间、嘉宾改签机票之后的时间都没对接上，现场很混乱。"

"那你知道是什么原因造成的吗？"

"这不是没有开总结会吗？我暂时还不清楚。"

看着她一张特别无所谓的脸，我有想冲上去把她打一顿的冲动。每个人解决问题的能力，在工作和生活上都会体现出来。在工作中无法协调一系列的变动，难道在生活中就能协调了吗？缺乏的就是一种预警的意识：没有想到有人会自己改签，没有想到改签会产生的票务，没有想到通知安排调度的同事。一系列的"没有想到"不仅仅证明工作做得不好，还证明这个人在生活中就缺乏基本的判断能力。

我把自己的想法表达之后，问小王："如果你生活中把家人的聚会安排得一塌糊涂，你会第二天再说，还是马上跟所有亲戚把事说清楚？"

"当然会立刻解释清楚。"

"这与工作完全一样，你身上已经出现了问题，你不解决，还企图第二天再解决。这不能证明公司对你们太苛刻，只能证明你对自己压根儿没什么要求。"

"那你认为周末公司加班就是对的喽？"

"如果你能把工作中发生的所有问题都当成是自身的提升，你根本就不会先计较公司是否加班。只有当一份工作变得只是单纯的体力活时，你才要思考是否需要个人休息的时间。"

有人曾问：爱情与事业究竟哪个比较重要？我觉得好的爱情一定能包容事业。正如工作与生活没有冲突一样，所有反映在工作中的问题，都是关于这个人的成长问题。真正的工作不是让你用自己的生命去交换每个月的月薪，而是让你用犯过的错误去纠正你的人生。

Part 2

职场实习调整期

2 年

职场实习期，也是一个职场调整期。

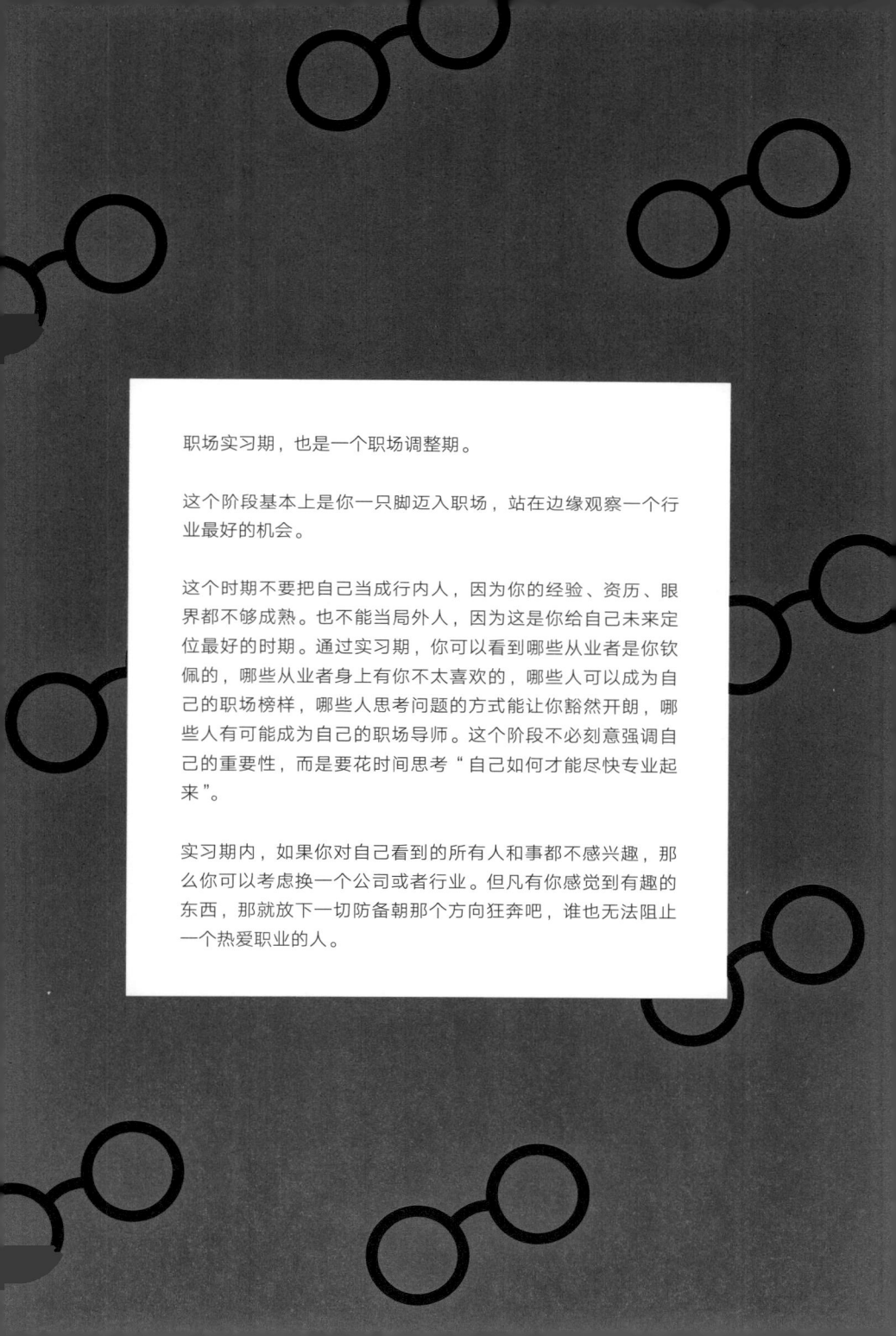

这个阶段基本上是你一只脚迈入职场，站在边缘观察一个行业最好的机会。

这个时期不要把自己当成行内人，因为你的经验、资历、眼界都不够成熟。也不能当局外人，因为这是你给自己未来定位最好的时期。通过实习期，你可以看到哪些从业者是你钦佩的，哪些从业者身上有你不太喜欢的，哪些人可以成为自己的职场榜样，哪些人思考问题的方式能让你豁然开朗，哪些人有可能成为自己的职场导师。这个阶段不必刻意强调自己的重要性，而是要花时间思考"自己如何才能尽快专业起来"。

实习期内，如果你对自己看到的所有人和事都不感兴趣，那么你可以考虑换一个公司或者行业。但凡有你感觉到有趣的东西，那就放下一切防备朝那个方向狂奔吧，谁也无法阻止一个热爱职业的人。

> 说到实习生，感觉是职场最弱的一环，每天的生活可惨可惨了。不被重视，没有人注意，像小透明还好，最怕被职场"老炮"在工作中蹂躏。但是，真实情况是这样吗？

我是来公司学东西的，为什么老让我打杂

有句话："爱的对立面不是恨，是冷漠。"

还有一句话："对一个人最大的鄙视不是讽刺，而是淡漠。"

这两句话送给还没有进入职场的你。一旦进入职场，如果没有被人冷漠和无视，你就应该谢天谢地了。很多同学说希望公司不要让自己去打杂，这其实根本不在你可以考虑的范围之内。

分享两个我自己在实习时打杂的经验。第一个经验是：当时，很多老师让我端茶倒水、热便当，所以我在两天之内记住了这些老师的名字，得到了比别的实习生更多的机会。第二个经验是：我打杂的时候，复印了很多老师交给我的各种各样的

台本，于是我很快知道了哪些人在负责什么，哪些人在开什么机密会议。说得稍微夸张一点儿，打杂其实是整个组里最核心的部分；说得平实一点儿，打杂是你进阶并超越别人最重要的一步。

主持人汪涵经常自我调侃，别人夸他是"台柱子"，而他则说："在湖南台，我是从'抬桌子'慢慢到'台柱子'的。"这话一点儿不假，他曾经从最底层的场工做起，灯光、摄影、现场导演样样涉足。一天跑三个城市对汪涵来说不是稀罕事儿，睡两三个小时，眼睛里血丝一片，却仍是最精神的一个，随便一句话都是笑点。以至于摄影师几度笑弯了腰无法正常工作，而他却一脸无辜。这些能绽放出来的有点儿光芒、能够吸引观众的特质，和当年的打杂经历中的历练密不可分。

刘若英当初做陈升的助理，坦白说也就是打杂。公司规模小，人手少，她什么都要做。除了专业的，大多数是幕后工作，要亦步亦趋跟着明星。在明星拍戏时，按明星的要求在旁边端茶送水、拿盒饭、送纸巾、擦汗、撑伞。出门后，帮明星打点、背吉他、拿包、买槟榔、叫明星起床。在外，负责阻挡粉丝、应付媒体。

刘若英曾苦恼过，因为大部分时间在打杂，她感觉什么也没学到。她不仅要忍受颠沛流离的生活和不规律的作息，甚至要洗厕所，而收入却非常低。但是，她一干就是三年。后来，刘若英被张艾嘉看中，觉得她很适合做电影《少女小渔》的主角。可是，监制李安心里却在打鼓：那么重要的影片究竟该不该用一个新人？但是，陈升说："这些年当助理的非人生活，让她得到了很好的锻炼，她一定行。"张艾嘉也坚持让刘若英出演小渔。凭借这部影片，刘若英一举成名，获得1995年亚太影展影后。从此片约不断，奠定了她演艺事业的基础。

直到现在，刘若英都认为当助理那段经历相当宝贵，是她得到最多、最好的锻炼时期。同时，整个行业和歌手的工作程序都展现在她面前，让她对歌手这个职业有了深刻的理解和认识。她自己应该都没有想过有一天她会成为导演，拍了一部电影叫《后来的我们》。她的成功并不是偶然的。

本书并不是《听妈妈讲过去的故事》，所以我也不必花那么多时间和你忆苦思甜，劝你"从良"。我收到过很多新人给我发的邮件，也有很多新同事给我发的信息，他们常常会提到这样的问题：什么岗位可以学到很多的东西？

对于什么都不懂的他们来说，任何工作都是一座难以逾越的高峰；对于什么都不懂的他们来说，只要自己肯学，每个工种都足够他们研究一辈子。所以，每次我收到这样的咨询信息时,心里都默默地叹一口气,把这样的新人打入"继续成长"的名单表。因为我坚信,一个已经准备好工作的新人,无论如何是问不出这种弱智的问题来的。

接下来,我来说说我打杂的经历吧。

> 具体说一下我当年作为实习生的心态,希望能起到一些积极的作用。

我也曾是热饭小王子

那几天,被咪蒙的文章刷屏,又被反咪蒙的文章刷屏,搞得我每次看见公司里的新面孔,都觉得他们在谋划"起义"。

想了想,给同事小石头连发了好几条微信。

小石头北京大学中文系硕士毕业后进入光线传媒(简称"光线"),平时喜欢写影评,上个月开始和编剧一起做《我在未来等你》的剧本,尚处于试用期。以往小石头都能第一时间回复我,但这一次他并没有及时回复,我内心十分忐忑。

我担心让他帮我取快递、订盒饭,他会觉得自己大材小用。

担心他其实早就心有芥蒂,但碍于工作不好意思说。

担心他正在酝酿一篇怎样的文章,对我的行径进行揭发。

担心一个我觉得还蛮靠谱的孩子，因为我自己行为不当，影响到他的正常工作情绪。

更重要的是，如果因为我而让他觉得光线简直就是个欺负新员工、不把新员工当人的地方，那就麻烦了。

我也曾有过小石头现在这样的日子。那时，外卖还不流行，实习老师每天带饭，让我去用微波炉帮忙加热。

当我成为热饭小王子的时候，我的内心是十分激动的。

是不是很贱？

那时是大三的暑假，我和很多人去报社实习。报社老师早早出去，晚晚回来，整个办公室，全是死寂般的实习生。

我那时"很不要脸"，看见老师，就让他们带我出去采访。一次、两次、三次……被敷衍得多了，我的心气就变得越来越低。

每天闲着没事，我就问自己很多问题。

为什么老师不带着我？

可能多一个人，车坐不下。

一个人能轻易完成的事，为什么要两个人？

万一有车马费，老师该不该分你？不分是自然的，但万一老师是个好人，心里过意不去怎么办？

老师出去一天，晚上回来，写稿的时间都不够，让实习生做，还不够让自己烦的。

我们实习完就走了，老师还得带新实习生，生生不息……

每天这么想，就特别能理解为什么没有任何老师愿意带实习生出门了。

多问自己几个问题，可能就会少很多无谓的抱怨。

在没有任何工作的实习期里，我没有学到如何成为一名优秀记者的经验，但是学到了如何换位思考。当然，过了很多年，我才意识到，懂得换位思考，也是成为好记者的重要标准之一。

当有一天，报社的老师突然让我帮他去热饭的时候，我恨不得用自己的体温去焐热老师冷冰的饭盒。感恩！

老师叫了我的名字，啊，他居然记住了我！

老师让我拿着他的饭盒，啊，他居然这么信任我！

老师把饭盒给我之后，就继续工作了。有实习生说，老师对我冷漠，但我却觉得老师真的把我当自己人了啊！没有人见过连帮忙热个饭，都兴高采烈到恨不得立碑的实习生。他们说我实在是太贱了。贱就贱吧，人总是要从各种事情里找到隐藏其中且对自己有意义的道理吧，不然怎么办呢？不热？哭？打电话给父母？

都没什么用。

唯一有用的，就是要让自己从任何事情中找到对自己有用的价值。

到今天，我使用微波炉的技巧都堪称一流：从外到里加热，里外均衡翻热，缓慢加热，不流失水分加热，青菜如何加热，汤如何加热，米饭如何加热……还真不是随便按哪个按钮的问题，而是你先要分清楚每个按钮加热的方式有何不同。

也因为老热饭的原因，我渐渐知道了老师的口味：喜欢吃什么菜，从不吃什么菜。办公室聚餐时，基本上我已经知道老师喜欢点什么菜了。

显得很鸡贼吗？

我觉得一点儿都不。

所有的事情都是摆在台面上的，如果放进美剧《傲骨贤妻》里，这些细节足够他们写两集精彩又不拖沓的故事了。

故事都写在纸上，你不愿意看，还非得说别人作弊。哪有这样的道理？

我们到底应该成为怎样的实习生？我们又需要什么样的实习生呢？

答案有很多，但我明确知道的是，哪怕你不能成为一个优秀的实习生，也不妨碍你成为一个能找到自我价值的人。

前段时间，我和失联多年的老朋友见面了。

酒过三巡，他拍着我的肩膀说："你还记得×××吗？"我一愣，名字熟，实在想不起来。他"嘿嘿"一笑，然后说："他几年之前曾经是你们节目组的实习生，你猜怎么着？"我努力想了想这个名字，还是想不起，证明他待的时间并没有多长。

朋友继续说："他在你们节目组实习了三个月，你说人家能力不行，不适合做节目，就把人家劝退了。"

我知道还有然后，不然他今天也提不到这件事。

"这个实习生从节目组离开之后，自己开了公司，干起了竞价搜索，个人年收入大几千万，年纪轻轻就开着几百万的跑车。"说完，朋友又补了一句，"怎么样，比你开的车贵多了吧？"

我想起来了，当年这位实习生确实找不到做节目的感觉。为了避免他浪费节目组的时间，也为了避免节目组浪费他的时间，我们劝退了他。临走时，我对他说，希望他能尽快找到自己的定位。

朋友说："当时，他得知自己要被劝退的时候很难过，但他记得你说过，只有适合自己的地方才是好地方。"

我有些庆幸，没有给这位实习生留下什么心理阴影。每一个新人都需要做一回实习生。但是，每个新人都会成为老人，所以最好把每个实习生都当成最初的自己，不用瞧不起任何新人。

有件事情，我常跟初做管理者的同事分享，希望他们能给每个新人以尊重。

可以不喜欢，但是要尊重。

那时，我刚进入电视台实习。因为某期节目，我有不同的观点，在办公区和主持人有了争论。

我一直觉得，每个人发表观点，都是为了节目好。直到有一天，主持人从外地出差回来，给全组连同几名实习生在内，一共二十几号人，每人带了一份礼物。拿到礼物的同事很开心，我也站起来等着收到自己的那一份。

没有想到的是，主持人直接绕过了我，发给下一位同事。

全组除了我，每个人都有礼物。我的难过写在脸上，有同事过来安慰我，要把自己的礼物给我。说实话，我并不期待礼物，我只是期待一个新人需要的尊重。

每个处于实习期的人，可能都有过这样的感受：敏感，害怕，想表现却不得要领；热情，主动，为赢得尊重而小心翼翼。

或惊弓之鸟，或杯弓蛇影，都是正常的。而那年实习的我，被节目组最重要的主持人用那样的方法孤立起来。我想不明白，主持人都那么重要了，为什么要用这样的方式对待一个尚是实习生的新人？

人生中，被不公平对待的情况很常见，很容易发生，也容易忘记，我却不明白，为什么这件事在我脑海中竟久久挥之不去。也许是因为那时的我太没有安全感，以致这样的孤立，给我造成了深深的恐惧。

时间过得很快，我结束了实习，结束了试用，成了正式员工，又成了北漂一员，为自己的人生奋斗。

某一天，我已经成为光线几个节目的制作人，有其他平台的朋友问我："我们有一个很大型的节目，你觉得××主持人怎么样？这个人的简历在我们这儿。"

这位主持人恰恰就是在多年前孤立我的那位。我知道对这位主持人来说，这是个好机会，但我选择说实话，不评价他的主持能力，只评价了自己在实习时的遭遇。

这个节目最终没有选择这位主持人，我的话并没有直接影响这个结果。我只是想说："每个人都有惶恐、惊慌的日子，你做不到保护，也不要欺负，谁都不能保证这个世界的话语权永远在自己手上。"

给年轻人更多一点儿宽容，也是给自己未来一点儿宽容。

给年轻人更多一点儿鼓励，也是给自己未来一点儿鼓励。

每一颗我们播下的种子，都是未来我们可能会乘凉的大树。是遮雨，还是被雷劈，只取决于我们当时的态度。

因为我们都是这么过来的，所以就不要为难后来者。

想让他拿快递，就让他拿快递。

他想哭，就让他哭。

职场需要懂规矩。

职场也需要讲人情。

这就是有些公司会垮，有些公司会一直在的原因。

> 有一个话题是常常在朋友圈和微博刷屏的：实习生到底应不应该拿快递？嗯，我的态度是这样，不知道你是否也这么想。

实习生应不应该拿快递

我在公众号发完上一篇文章后，很多读者留言，其中一条获得了较多的赞："如果我喜欢一位领导，我才不会觉得订快餐或去取快递有什么不妥。我肯定特别开心地就去了。"

这条留言让我从另外一个角度开始思考这个问题：实习生到底应不应该取快递？

我也曾有过很长一段时间的实习，这段实习经历给我的印象深刻。

实习生就是来实习的，不仅是体验专业性的工作，同时也是体验社会性的环境。能学到专业知识最好，但能对人际关系有所了解，学会判定自己的定位，自然地融入新的环境也很重要。

对公众号那篇文章之后的那条留言，我是这么回复的："看来，取快递无所谓，关键是我们喜不喜欢让我们取快递的人。"因为不喜欢这位领导，所以这位领导让我们做任何非专业的事，都有可能成为压垮骆驼的最后一根稻草。而喜欢与不喜欢，大多数都来源于——领导对你是否尊重。

如果尊重，取快递、订盒饭就是生活中的常态。我帮领导做这些小事，领导可以花更多时间做更重要的事，而我也有存在的成就感。如果不尊重，取快递、订盒饭就会让新人觉得自己只是一个干杂活的人，好像自己身上没有任何可取之处：我好不容易考上了大学，学了四年，你居然让我来干这件事情？

所以说到底，没有实习生不能干的工作，只有实习生心里是否能接受的工作。当想明白这个问题了，所有的新人都不用觉得自己没价值，也不用去猜测领导是不是瞧不起自己，所有的失落只来自你内心是否能接受。

对领导而言，实习生并非柔弱，但也不是公司派来的保姆、打杂工人，他们是否愿意做一件事情，也都源于他们内心是否能接受你的领导，能理解你做事情的出发点。

总之，就是那句话："我们当然可以不喜欢任何人，但我们要有起码的尊重。"

> 说了那么多有关于实习期的事情，最后我来总结一下。

没人注意的实习生，怎么给自己创造机会

大三那年，知道能去报社实习的时候，我特别开心，觉得这是一个很难得的机会，可以了解报社的工作是什么样的，如果能发表一篇新闻稿出来让爸妈看到就更好了。

没想到开始实习之后，我发现跟我想的完全不一样。每个老师都在忙自己的事，压根儿没人理我们这些实习生。大家面面相觑，看着时间流逝。过了几天，实习生们开始给自己找点儿事做，有的实习生每天一大早到报社擦桌子，有的实习生负责打水，有的早上来在桌子前坐一天，到了晚上就回家——总之就是大家每天都做着一些挺奇怪的事，一天、两天、三天、四天……

我问大家："每天这样一点儿都不觉得焦虑吗？"有的同学

说觉得这样挺好的，待一个月拿到实习证明就可以走了。

不被重视，也懒得换实习单位，怕浪费时间。拿到实习证明，也是一种收获。可是，在一个地方实习，却完全不知道这个地方的工作流程，这样的等待才算是浪费时间吧。一个月的时间在别的地方可以做很多事，但只是为了得到一纸报社实习证明感觉太不值得了。

有个老师每天都会有很多新闻要采访，为了给他留下印象，我只能硬着头皮有事没事跟老师问好，老师当然记不住我是谁。直到有一天，我又一次问好的时候，他问了一句："你是？"

我说："我是实习生刘同，每天都没什么事。如果老师有任何需要的话，我都可以帮着干点儿杂事，拿设备、拎东西什么的都可以。"然后，老师低着头继续一直忙着手头的事，回应了一句："好啊。"

一天，两天，又三天，每天我都会在老师准备出去的时候，站起来等他叫我。终于有一天，他出门，又返了回来，对我说："帮我带个脚架。"

从那天开始，我就每天跟着老师一起出去跑新闻。跑完新闻回来，我都会用最快的速度写一篇新闻稿给老师看。老师看一眼就放一边，说不够好，也会简单说说哪里不够好。他说完，我就立刻改，重新用笔抄一遍。老师被烦得不行。

一天，老师采访了三条新闻，实在是太忙了，跑完新闻回来的路上跟我说："刘同，我要写个大稿，剩下的新闻稿你来写。"

然后，我的名字就出现在了报纸上。虽然上面只是"实习记者"几个字，但对于我来说，原来最重要的不是名字出现在报纸上，而是在这个过程中，自己心态的变化。

其实很多时候，我们遭遇冷漠，都会觉得是别人不喜欢自己。然而，别人不是不喜欢你，也不是讨厌你、排挤你，而是人家根本懒得理你，人家根本就没有把时间花在你的身上。想通了这一点，我人生在这一个范畴的"挂"就被打开了。说白了，就是别把自己看得太重要了——全世界不会与你为敌，人们真的只是没有看见你。所以，你要做的就是，放出一点儿光，让他们看见，没准遇上个贵人，就能星火燎原。就像有句话说的那样："你不先伸出手，人家要帮你，都不知道拉哪里。"

而当你真正投入做一件事之后，会明白两件事：首先你会明白，把一件事认认真真做好，所获得的收益远大于同时做很多事；其次你会明白，有人风风火火做各种事仍未有回报，是因为他们从未投入过。从"做了"到"做"，正如从"知道"到"懂得"的距离。

如果你能顺利度过实习期，那么接下来这个入职面试的准备完全可以跳过，因为很投入的实习期不会让你担忧这些问题。但如果是直接从校园进入职场，那么接下来几个面试中常常会遇见的问题，希望你能了解一下。

简历做成什么样，面试官才会对我印象深刻

简历是招聘单位对招聘人员的第一印象，是招聘人员的第一个机会，能够把握好的人并不是很多。

我们来看看以下这封推荐信。

尊敬的领导：

您好！

很感谢您抽空垂阅我的自荐信！贵公司良好的形象和员工素质让我对这份工作有了浓厚的兴趣。很高兴能为您介绍一下我自己的情况：我来自茂名市电白区，2008年6月毕业于茂名市第二技工学校的文秘与办公自动化专业。在外工作一年多，曾任职中

国移动 10086 热线外呼客服代表三个月，并在某工厂担任过货仓文员。在外工作的经历使我明白，现在的社会日新月异，如果想要得到一份好工作，必须时刻学习新的知识，不断增强自己对社会的见识，所以我非常热衷于参加各种可以增长见识的活动，这能使我的人生观与价值观有所改进。在外工作一年多，我学到了永远抱着一份学习的心态去做事，这样才能不断地充实自己、端正自己对世界的态度。

  我怀着满腔的热情与信心来挑战这份新工作，同时我也相信我过去的工作经验会给予我很大的帮助。我相信自己饱满的工作热情以及认真好学的态度完全可以使我更快地适应这份新工作。因此，我渴望得到这份工作，相信自己能在这个工作的平台上，创造自己的人生价值与事业。非常感谢贵公司能为我提供一次这样的机会，让我对贵公司有更深层的了解。更希望能得到这次机会，与贵公司共建一个美好的明天。

  希望通过我的这封自荐信，能使您对我有一个更全面、深入的了解。我愿意以极大的热情与责任心投入到贵公司的发展建设中去。您的选择是我的期望。给我一次机会，还您一份惊喜。期待您的回复！

  最后，衷心地希望能得到您的赏识与任用！谢谢！

  此致

敬礼

吴伟玲

这是一个在百度上搜出来的推荐信的模板。

我举这个例子不是告诉你，推荐信要这么写，而是告诉你，推荐信千万不要和这封信雷同！我特别好奇的是，我们每个人花了十几年时间读书，就是为了让自己在毕业的时候找一个好工作。而在找工作这件事情上，第一件重要的事情就是写简历、做简历，有些人却突然不花时间了，脑子是怎么想的呢……

我不能教你怎么写，只能告诉你千万千万不要怎么写。

千万不要第一句话就感谢对方抽出了宝贵的时间来看你的简历。最后一句话千万不要祝对方生意兴隆、蒸蒸日上，也不要希望能得到对方的赏识和任用。中间也不要写什么人生观、价值观、洗心革面、满腔热情、社会在发展之类的套话。

在很多面试官，尤其我们传媒业的面试官看来，那些人人都会用、人人都会写、人人不用费脑子就能写出来和说出来的话，一旦你用了，我们只能默默地把你归为流水线产品那一类。

对于此事，我自己有很深刻的印象。当年考湖南电视台之前，我只做了五本简历。我坚决避免使用99%的人会使用的透明文件夹，管他红橙黄绿青蓝紫的塑料脊封，坚决不用。同时，我把所有专业课的内容和得过的奖项统统浓缩并挪到了最后一张纸上，作为附件备着。由于认定了自己将从事创意类型的工作，所以我将自己的文字能力、沟通能力、创意能力分成三个部分。每个部分都附有事例，比如自己发表过的文章节选，担任学生会外联部长如何为学校活动拉到赞助的案例，以及在实习期间做过哪些有创意的项目，并分别让相关证明人写上了对我的认证（那时，我就大概会使用新浪微博认证这一功能啦）。这些做好后，我去美术学院买了几张大的黑色硬壳纸，裁剪成简历大小，作为简历的封面和封底，用银色的签字笔写上自己的名字与学校院系，再用钉子穿了几个洞，用麻绳将整个简历穿了起来。在简历的部分与部分之间，在页码旁边做了鹅黄色的内容提示。这样面试官想看特长看特长，想看获奖情况看获奖情况，非常方便。

忙碌了一个通宵，五本手工制作的简历完成。

第二天，我带着其中一本就去投简历了。刚拿出来，就引起了同学们的围观，我心里很爽。当时，电视台并没有招工，但是美的集团正在进行全国的营销管理招聘，几千人报名，只招四名。虽然我也不太懂什么叫营销管理，但是想着多少和创意有关，而自己又在电视台实习过两年，所以就投了简历。我还清楚地记得面试官拿到我简历时的第一反应，他先是看了简历，然后看了看我，问道："这是你自己做的吗？"我说是的。他就笑了笑，并没有扔到几个装简历的大箱子里，而是直接放在了桌上,然后让我等通知。

我知道,第一轮筛选我肯定过了。

不出所料,简历筛选这一关过了。

第二天是笔试,我也过了。

第三轮只剩下了几十个人。在拿最后一试的考号时,面试官让每个人过来领自己的简历。问我的名字,我说我叫刘同。他说:"哦,那个黑色简历就是你的,对吧?"然后转身去找我的简历,一大堆绿绿的简历中,我的黑色简历孤零零地夹在其中,一眼就能看见。其实,某种程度的和而不同、孤零零也是一种特立独行和华丽丽啊。

虽然简历不是我最终入选的决定性因素,但是我相信,这本简历无比凌厉的姿势让它的主人也变得有特点起来。虽然最终我并没有前往美的集团工作,但是最后面试官告诉我:"你的简历让我们看到了你身上和其他毕业生的差异性。在观看简历的便利性上,你下了功夫,在色彩上,你选择了银色和黑色的搭配很抢眼,只是为什么你的简历做得那么厚?"是的,我的简历很厚。本来完全可以不需要那么厚,只是临时决定把平时写的一些文章都附在后面。是想展示一下文笔,更重要的原因,是要让简历显得厚,不仅厚,还要重。有的同学放了自己几十张照片,那个没用,显得轻浮。但是,放自己写的东西就不一样了。前几年，公司招了一个新人，他当年入职的简历附带了一本打印出来的小说文稿。姑且不论写得好不好，起码人家有毅力。现在，他成了主编。

我妹去年读大四，我去看望她时，她正在找工作。我让她把简历拿出来给我看。毫不夸张地说：如果把我妹的名字一遮，别说她们宿舍的八份简历了，就算你拿两份遮了名字的简历让我挑哪份是我妹的，我都挑不出来。专业一样，奖学金大同小异，专业课都中等偏上，都担任过班级或者院系干部，都有积极的价值观，都有一定的社会实践，都说自己开朗、热情、乐于助人。两页纸的专业课内容也一模一样，简直就是互相抄来的嘛。我对她说："妹，你怎么也得放一张自己的照片吧。你连照片都不放，你当面试官是我啊。即使是我，我也分不出你和你的上铺啊。你这种简历只有三种可能性会被选上：一、你运气实在太好了；二、招聘单位太缺人，是人就要；三、你自己创业。除此之外，我实在找不出要选你的理由。"

后来，我妹的推荐信重写了。写了父母的评价，写了我的评价，写了实习老师的评价，写了同学的评价。我和实习老师侧重的是能力评价，父母和同学是性格评价。这样的话，能够给面试官更多的信息来对她进行判断，总比和大家一起感谢面试官浪费自己的时间来查阅简历好吧。

最后，你想想，你读了 16 年书，为的就是找一份工作。找工作的第一步是写简历。于是，你就抄了一份。早知如此，16 年前你还不如直接抄一份，抄 16 年，论概率，你早就找到工作了。

工作一定要穿职业装吗？自己的个性都没了

当年要参加招聘前，有两个问题很困扰我：一个是如何写简历；另一个是穿什么去面试。因为总怕自己不够好，所以很多同学都花了很多钱去彩打简历（就现在来看，真的是浪费钱，面试官根本不会因为简历是彩色的而觉得你与众不同。简历足够精练，你又足够出色，才是重点），花了很多钱给自己买一套西服（现在来看，其实也没有必要）。

类似的问题，到现在依然会有很多人问起。有迫切想得到一份工作的新人，有职场打拼多年的老员工，甚至还有一些中高层的管理人员。

职业装这个概念，在国内兴起了十几二十年的时间。最初的定义，就是套装、白衬衣、A字裙（男士则是笔挺的西裤）。

不可否认，这的确显得整齐划一、精神，在有公司活动时显得气派。可是，职业装不等于是为"职业"而装，这并非职场的标配，更不是说每个人都应该在衣橱里塞上很多好看、简单，但枯燥又雷同的衣服。

什么服装才显得职业？没有定论。

行业不同，对于职业装束的要求也不同。

像我供职的传媒行业，着装上相对来说随意一些。平常自己喜欢的搭配，只要不是太离谱、太醒目，"给力"到让别人无法接受，都是不错的选择。

在我的理解里，严谨的职业自然会对装束提出要求，比如警察、保安、客服、空姐、医生。对服装的要求，是会写在企业的规章制度里的。除此之外，其他企业不会对职业装有统一的规划和要求。这就给你留下了一片可以自己发挥的空间。

@刘同：每次招聘会，看着一水儿职业装的应聘者就觉得别扭。虽然穿得精致、讲究，但是显得那么呆板。本来一活泼的人，性格完全被衣裳统驭了。没有个性的参照，让自己出挑还是让衣服出挑是个问题。

这不是我个人的感受，几乎是做人事的一些朋友的共识。一个朋友在朋友圈吐槽说原来在校招生的时候看见一个女孩，那种特秀外慧中、灵秀的感觉。今天来面试，和所有人一样穿着职业装，差点儿没认出来。怎么看怎么觉得原来的优点全没了，整个人被一套衣服耽误了。

好多同学在招聘会上穿得特别职业范儿。那种职业范儿，让本身性格看起来挺有意思的你，因为听信了别人的建议，定制了套装。这种情况有点儿像前几年人们对奢侈品的痴迷。放眼望去，满街都是 LV 或古驰。香奈儿的小黑裙和套装是好，但需要相应的身材、年纪、性格来匹配。原本一个习惯了休闲、运动装的人，套上一款为了某种目的而套上的衣裳，绝对只会给自己丢分。

人有个性，服装也有个性，或者说有性格。某种和你个性不合的服装，是不容易在短时间内被你驾驭的。因为，你穿上它后的一言一行、一举一动，都要求你和之前有微妙的变化。这个变化不是说想适应，就能马上适应的。就像一个喜欢听德云社相声，拍着巴掌叫好，没事起哄喊"吁"的人，偶然去听次高雅音乐，虽然你能憋住让自己不鼓掌、不叫好、不起哄，可感觉是什么？毫无疑问，别扭！

衣服是有性格的，是需要驾驭的。听信太多攻略，定制套装，会让你变成套子里的人，整个人的性格、特点都被"套住"，从有血有肉的自己，变成一个"木乃伊"一样套子里的人！你穿着别扭，对着镜子自己觉得不舒服，别人看着也奇怪。青铜圣斗士可穿不了黄金圣衣。

为什么要穿职业装？问题的关键在这里。

答案五花八门，万变不离其宗的却只有一个，因为它让自己看上去更职业。国外有一种"让服装说话"的理论：在你不能很熟练地表达自己的时候，服装是一种让对方读懂你的选择。正如夏日里看到依旧西装革履的人，我们往往会将其归纳为保险代理人或广告人的职业范畴中，就是因为着装给大家留下了深刻的印象。

曾经一度，我被调派到光线的广告公司去。因为对广告方面了解得不够，那一年，我扫光了衣橱里所有的休闲装，给新添的五六十件衬衣和西装腾出位置。这种正式的穿着给我带来了一点点信心——对着镜子的时候，我告诉自己：哦，原来我也可以有这种很正式、很职业的范儿。同时，我拜访客户的时候，这也起到了作用。让客户觉得，我是个有经验、有着某方面特长的广告人。

一年之后，我就将这些服装全部扫除出去，重新回归到休闲装。因为我发现，随着我对广告方面的了解和能力的增强，我不再需要这些衣服来为我支撑自信和门面了。

在你能力不够、经验欠缺的时候，职业装是能给你带来一些帮助的，但前提是你有驾驭这套职业装的能力。与其在求职的时候盲目地选择职业装，不如等入职之后，慢慢私下适应环境。当然，可以让能驾驭的职业装陪你走过那段不成熟的日子。反过来说，职业装是对能力不足的一种外在弥补。重要的还是你是否具备胜任这个职业的能力和资格，如果能力足够，即使你穿着休闲装去拜访客户，客户也会对你非常尊重。

很多人误解了职业装的作用，觉得职场必须着职业装，或者这就是自己最经典的"战衣"。在这个美丽的误会中，与其说是职业装，不如说是职业"装"。不可否认，现在是个"装"字横行的时代：专家学者装"专业"，装"睿智"，有些明星装"无辜"，装"可怜"；名人夫妻装"恩爱"，装"和谐"。

我们这些人什么也装不了，只能和自己息息相关的职业"装"了。

不过，是装的总有被戳穿的一天。专业性体现在很多方面：你的谈吐、对行业的认知、一个眼神、一个微笑，甚至一个关于你对企业的微小的认识。职业装不是万能药，更不是保护罩——总能护住你不够职业的罩门。在很多高层管理者看来，在有对外活动，需要展示形象的时候，职业装才是必需的。平素里总是职业装束的,反倒偏偏是一些办公室里的新人。因为你在其他方面的信心不足,所以才需要职业装带给你勇气。

对职业装束要求不高,没有制服和工作服的行业,只要衣服干净整洁、不脏不臭、不非主流,就足够了。

想要成功求职，面试前要做哪些准备

"请问你求职的是什么职位？"

"是你们通知我来的，我不知道你们需要什么样的人。"

（呃……）

"请问你为什么要选择我们公司？"

"因为我从小就喜欢看你们光线电视台的节目。"

（这……我们不是电视台……对不起，让您失望了……）

"请问你最喜欢我们公司哪个节目？"

"我最喜欢看你们的那个《超级访问》。"

（噢……李静姐的公司出门右转打辆车，不跳表就到了……）

"请问……"

我还记得刚入行时，我要去报道歌手 A 的发布会，到了会场问："请问这里是歌手 A 的发布会吗？"两位迎宾的礼仪小姐互相看了一眼对方，然后朝我笑了笑，摇摇头。她们甚至都没有告诉我这其实是歌手 B 的发布会。我永远都记得她们不屑的眼神，以及她们连纠正我都觉得浪费时间的表情。后来，我释怀了。在职场中，不是每一个人都会很直接地告诉你——你的问题在哪里。他们都会非常有礼貌地笑一笑，然后送走你，心想这一辈子都不想再见到你。后来，当我遇见很多求职者常常让我很尴尬的时候，我都会很直接地指出来。就算让对方当场尴尬一阵，也总比未来要尴尬很长一段时间好得多。

虽然面试者常常在出问题后很有诚意地表示了歉意，但我心里很清楚，对方并没有那么了解我们，所以我们公司的名字并不常出现在他的思考体系中，说错是很正常的。对方也不足够重视我们，导致会犯这样的错误。对方太急功近利了，其实面试官并不是不能接受求职者的口误，然而求职者一上来为了表现出自己的在乎而犯的错误，证明求职者对自己的把控力并没有太多的把握。当我们指出问题后，求职者立刻道歉，证明他们认为他们的某些缺陷被看穿，于是立刻进行弥补。反过来想一想，如果你是真的很了解你的求职公司，真的只是口误，你是不会那么在意这件事的，但恰恰是你觉得我们认为的口误不仅是口误那么简单，以致你慌乱了。

以上这些，换个说法的话就是，如果你是很自然的求职者，你不会选择那样一系列的面试方式。只有为了面试而面试的求职者才会出现似是而非的回答。

站在 HR 的立场上看，当然希望碰到的是一个对自己所代表企业无比钟情的应聘者。曾和某个大牌护肤品品牌的 HR 聊到她招聘时的做法，她用最简单的几个问题帮助她形成判断。她会设计很多问题，如果你对护肤品或该行业不是很了解，那么即使隐藏得再好，也会破绽百出。例如，她会问今年彩妆的流行色。对她来说，这个答案不应该是"白色"或"紫色"那么简单。她会仔细观察被面试者的眼神，甚至肢体语言。她会问面试者是否使用过自家的产品、留意过哪个柜台、对美容顾问的评价，以及自家产品近期在做的推广有哪些。

"如果真的有兴趣，他们连说话的时候眼睛都是放光的！"

"就如同你和我谈论人力资源管理，我也会滔滔不绝。这是人之常情，谈到自己喜爱的事物，你压根儿就不想让面试官插嘴。"

如何设计开场白，对方才会对我刮目相看

"你好，我叫×××，来自×××。"

对不起，这样的介绍大家都听麻木了。我想，如果你没有太惊艳、太突出的亮点，注定了你已经在对方心里被×××。

开场白很重要，无论是求职、面试，还是在工作中结识伙伴、谈判、会晤。公共关系学自诞生以来，就反复提及一个首因效应。很多人幼稚的一面在于，费尽力气，打造了自己的发型，精心地打扮了自己，甚至对"面试、谈判、会晤三千问"这种厚厚的指导书里的内容倒背如流，却偏偏忽略了如何打开场面，给人留下深刻的印象。

开场不对，精力白费。你能想象，一个看上去很职业的人

一开场就让你发现他的秘密，原来他是个生涩或者笨拙的新手吗？

"华丽丽"是个形容词，看上去比较犀利。其实，朴素一点儿来说，我愿意将它视为十五秒的问题。根据资料显示，人与人沟通交流的前十五秒，是关键时刻。如果在十五秒内，你能引起对方的注意，让对方对你产生兴趣，那么恭喜，你也华丽丽了。

"嘿！我注意了一下，你们公司提供的职位，和招聘展台周围的人群一样吸引眼球。"

这句话有没有一点儿随意？

有，可是起码要比上来就是"我叫×××，来自×××"好得多。在一片"×××"声中，你会变成提神的咖啡，让人精神为之一振。

打开你的雷达，从一片声音中，找出雷同的点，然后想出自己要说的话和要做的事情。出位是一件很简单的事，关键就在于，你是中肯的，而且与众不同。

当然，重要的是十五秒之内的交流，不仅仅局限于语言。当一个人拘谨而小心地、直勾勾地盯着你的眼睛，或者垂着头看着自己的鞋尖，手里紧紧地攥着自己的简历或资料的时候，你会怎么想？

哦，原来他不过如此。

十五秒，很短暂，也很漫长：短暂到只能让人完成一次粗略的自我介绍，漫长到可以形成有效的、互相了解的沟通。

"我喜欢业务员这份工作（我是来应聘业务员的），我一直好奇日用产品是怎么制造出来的，我想了解它（我知道应该先了解产品，再进行推销）。"

"那你对日用产品市场有什么看法吗？"（你是不是具备经验，或者真的了解，我们想录用这样的人。）

"我觉得……你觉得呢？"（你觉得我怎么样，从回答里给我一个答案。）

哪种方法更具有效果，你可以自行体会一下。

聪明的人十五秒之内会用各种各样的情绪来制造一些小的交流。貌似没有什么意义，但是十五秒之内已经对过几次眼神，交换过几次双方的想法了。兴高采烈的时候，会有一些肢体语言，让人觉得很有趣，让人有谈下去的欲望。

HR 最讨厌哪种类型的面试者

"我是国际贸易专业的本科毕业生，平时喜欢写东西，为人很真诚，也很努力。大学期间组织过一些活动，比如迎春晚会等。我在晚会中负责整体协调工作，锻炼了自己的活动管理能力。同时呢，我也是学生会的外联部长，与人沟通的能力较强，应变能力也较好。你觉得我能来你们公司做什么呢？"

我发誓，这几年我遇见这样开场白的人不下一百个。关键在于，他们特别诚恳、特别投入，完全不知道我听到这种开场白时，整个人已经倒退五百里惶恐不及了。

和一些做 HR 的朋友聊起这样的求职者，发现原来在业界对这样的求职者已经用一种病症来形容了，叫作"我是个啥"。

这类型的求职者是 HR 们非常害怕遇见的求职者之一。他们认真，他们相信世界的美好；他们认为只要自己是张白纸，就有人愿意在上面作画；他们认为自己能遇见达·芬奇把自己画成蛋，能遇见凡·高把自己画成麦田。殊不知，在大师作画的过程中，最不重要的道具就是纸。他们能在布上画，能在墙上画，能在地上画，能在身体上画，纸什么的没那么重要。世上千千万万的白纸，非得找个带你编号的白纸？

说了那么多外界的感受，严肃一点儿来说，"我是个啥"类型的求职者在求学的过程中，没有一个未来的规划，不知道自己适合做什么。在某种程度上，他们认为自己是瑰宝，等待珠宝专家去鉴定。可瑰宝没有思想，人有思想。

有自我规划意识的人最后不一定会成功，但成功的人一定都是有自我规划意识的。

这个定律便能区分你是哪种人：是属于有思想的活物，还是等待被人开发的货物？

再者，面试官的时间是宝贵的。废话是他们最不想说的。比废话更不想说的是跟求职无关，还要帮你进行规划的那些话。

诚然，一个面试者如果能遇见帮你进行职业规划的公司，当然是最好不过，但这样的面试者素质该有多么高，才能让面试官视若珍宝？！

你问面试官你适合做什么，你把自己介绍一遍，然后，对方还要根据你的情况来帮你进行客观分析、给你建议。你觉得很紧张，于是再具体问："如果那样去做了，未来会怎么样？如果未来不做的话，还能做什么？"接着，面试官特别诚恳而思索良久地帮你分析、给你建议……

以上这个场景，说得难听一点儿，你是来付费让面试官看相的吗？

面试官们凭什么告诉你关于你的规划？这仅仅是一个面试而已。

一个人如果在校园里积极尝试了很多挑战，且有不错的成绩，证明他的素质不错。但是，我们一定要知道，我们之所以花那么多时间去挑战自己，目的是锻炼能力，还是增长见识？在过程中，是否发现了自己与其他人的不同，是否能利用这些不同做出不一样的成绩？

就像旅行，如果你出发时，或者路途中拥有了地图，那么走遍了大半个地球的你，是环球旅行家。

如果你被迫走到哪儿算哪儿，流浪了大半个地球，还不知道自己身在何处，那么你就是一个四海为家的流浪者。

"我做什么都可以。"虽然你这么说，好像很谦虚地把自己看得很低，但正是因为你觉得自己做什么都不行，才只能这么说，你觉得呢？

招聘现场，怎样说才能打动面试官

我不反对每个人都有伟大的理想，但是，我们现在要考虑的是能否找到一份工作，以及跟大家一起把眼前的工作做完的问题。至于未来你能不能做出更伟大的事，在完成眼前工作的时候，自然就清楚了。

你说："我的目标是要成为一家电视公司的总裁，制作出很多优秀的节目。为什么中国节目落后欧美那么多年，那是因为我们太差了，我一定要让中国的电视超越欧美。"

你说得很爽，但 HR 听得很惨。

他招你只是希望你能够赶紧上手，把下个月国庆档的一期节目赶制出来。你说了那么多，他心里想：要实现你的目标，我最近这几年得帮你招好几百号人吧？还得扩充广告部找一系列国际大客户进行投资。嗯，发行部也得增派人手。哇，这个麻烦我还是不要惹的好啊。

如果你非得说自己的理想，那么请在求职前先了解一下你未来要进入的工作团队的目标是什么。然后，将自己的理想与团队的阶段性目标不动声色地融合。这样的理想不仅会让面试官觉得你是一个脚踏实地的人，还会认为你就是团队最需要的人才。因为你明白团队未来的方向在哪里，和你这样的人合作，大家会比较轻松。

你说："虽然我才大学毕业，但是我的职业规划是不希望换太多的工作。如果有一份工作能够让我一直持续努力并有奋斗目标，我就能为之持续奋斗。比起不停地跳槽，我更愿意做这样的工作。"面试官会想：这个人不错，听起来是一个需要工作安全感的人，只要满足你的方向感和目标感，你就有稳定性。

你再说："我们的节目是一个访谈性节目，它对编导的要求是善于和人沟通，善于发掘人性的亮点。只要前期能够把握住这些细节，后期基本上都是技术活。前期把自己提升好了，后期就不成问题。"面试官会想：这小子抓住了要点，前期不可控，后期可控。把不可控的可控了，可控的部分就会更出彩。

你接着说："我希望自己一两年以内成为一名合格的电视导

演,然后我们可以尝试把访谈节目扩大一些,加入一些综艺节目的因素,设置现场观众。这样的话,我就会从简单的访谈节目编导慢慢转变成综艺节目编导。对节目组的编导而言,这是一个提升,自己也会变得更有竞争力。"噢,如果你这样说,面试官估计就得爱死你了。这就是一个节目的领导每天思考的事情啊,如何让每天日复一日工作的编导有质的提升,让他们工作变得不麻木、有激情、有创新是领导的事情啊。

最后,你说:"我想进入一个团队,大家能够像家人一样相处,而不是一直在换同事。只有这样,大家互相了解越多,内耗就越少,团队的效率就越高。也许第一年我们只能做一个30分钟的日播节目,到了第二年,我们就能做50分钟的节目了。"

你想的事情,就是面试官考虑的事情。

好吧,定了。就是你了。

以上的场景可不是模拟,而是真实发生过的。你是不是特别想说:"这些事情明明就是领导应该想的事情,作为职场新人,我怎么会知道嘛。你这样要求我,太过分了吧。"还有人会用贴吧里的语气说:"站着说话不腰疼,如果你今天不是今天的你,你当时不也是一个二百五吗?"

来,打住。

你重新看一遍刚才的文字,里面的内容没有任何细节是需要专业知识的。

如果把找工作和找恋爱对象放在一起比较，你就更明白了。

对绝大多数人来说，找一个对象当然是希望一起白头偕老，正如我们都希望有一份有前途的工作一直工作下去。我在光线待了很多年，对此深有感触。前几年，老板对我的不信任随着时间都慢慢淡化了。以前，遇到很多事都必须一一汇报，现在只要说出自己的想法，老板就大致明白你的意思了。节约的不仅仅是你的时间，也是老板的时间，而这会让你有更多的时间去挑战你想挑战的工作。这些都是一个稳定的工作带给你的好处。

当你工作到一定阶段的时候，你也需要有所提升。从访谈节目导演转为综艺节目导演，自己管理一个团队，让同事们在你过往几年的经验下呵护成长，不是很好吗？

一切的一切，不在于"我们对你要求高，而是你对自己是否负责"。

一旦你让面试官觉得你是一个对自己负责的人，面试官当然会放心地把事情交给你，让你负责。面试官不怕你把事情做砸，因为你会怕把自己的名声做砸，这是任何职业、任何人最为重要的一点。

Part 3

职场炼狱期

3 年

我之所以把初入职场的前三年称为"炼狱期",是因为在我个人的经历中,这三年实在是太重要了。你会在这三年遇见未来你所有看不惯的事的类型、看不惯的人的种类。你会觉得工资太少、加班太多、同事不好相处、老板太严苛……每个人从校园走入社会的前三年,就是调整自己心态和快速成为职场人的机会。这三年如果掉队的话,就很难再有精气神重新燃起斗志,但如果这三年认真度过的话,接下来的日子就会相对很顺利,再遇到难的问题、再遇见让你不舒服的人都不会让你产生慌乱感,对你而言——一个职场人——这些都只是"一个一个能被解决的问题"而已。

这三年会遇见很多问题,一定会极其困惑。如果这些问题没有思考清楚而选择放弃职业的话,就太得不偿失了。所以,我把困扰我这几年的问题都总结了一下,希望能带给大家一些帮助。

以下一些问题都是我自己在职场中遇见的，困惑了我很多年的问题。现在回过头来看，有些路是弯路，有些路是因为自己想得很清楚再迈步，确实没有失误。有人说："很多路都必须自己走过才懂得。"其实，有些路根本不必走，因为那本就不属于你应该要走的路。我们首先要找到那条属于自己的路，然后行走在自己的路上，考虑如何能快走，如何去跑，哪里能飞，怎样走起来不那么枯燥……提高我们在职场的"决策正确率"才是终极目标。

初入职场，有没有一条捷径

成功的人大都具备共性。此即是托尔斯泰说的："幸福的家庭都是相似的，不幸的家庭各有各的不幸。"这句话完全可以套用在成功和非成功人士的身上。

有一些游戏，能够让你窥探到一些职场人士的共性和秘密。很简单，每个人有六个选择，好上司、好职位、高薪、符合你专业的工作、合拍的伙伴、一个好的领路人，每次要去除一个选择项。我发现，游戏中 80% 的人，把"一个好的领路人"留到了最后。

在阐述原因时，有个集团的职业经理人说了句让我记忆深刻的话："无论做什么工作，一个职位没有一个师父来得重要。

一个好师父，会帮你少走好多好多的弯路。"

领路人，其实就是师父，所谓"师父领进门，修行在个人"。可是要知道，有些时候入门比你自己修行要难上许多。我对这一点颇有感触。在湖南卫视做后期时，我的主要工作是剪辑一些节目视频，然后编辑出最好的效果。当时，做后期剪辑使用的设备是老式剪辑机。每次做剪辑，都要把需要剪掉的镜头、前面和后面的镜头都调整好，然后剪掉中间的，再把前后两个镜头进行对接。一直有个疑惑困扰着我：那些机器有些"调皮"，不够人性化，经常在剪辑完成后，出现多调或少调了一帧画面的情况。出现这种情况，就要重新来过。重新慢慢筛选，细心地下"刀"。所以，我做一个剪辑，需要特别长的时间。几乎每次有工作都要加班到很晚，还提心吊胆地想，导演会不会对我剪辑出来的东西满意。捎带地，我对老式剪辑机也有了情绪。我一直想，这玩意儿是谁发明的，一点儿也不好操作，难道发明它的是个剪辑的外行，工作中经常出现的问题都没有在发明时想办法解决掉？

后来，我看到一个老后期制作人员工作，这才发现，在老式剪辑机上，有一个非常隐蔽的键，只要你按下那个键，再按"+"号，机器就会自动回调到你刚才选择剪辑的画幅和画面上，并且加上一帧，按"-"号就会自动减去一帧。根本不用重新寻找，再次来过。我很懊悔，那么多时间都浪费在了无谓的工作上。如果当时有一个后期制作的老员工做我师父，一切都会简单得多。节省下来的时间，足够让我在其他技术方面从一个新手玩到准专业的水平。

现在，很多企业都认识到了这一点，新人入行后，会指派一个老员工带新人。可是，新的问题也随之出现，很多新人不屑于老员工的指点。"师父千好万好，可我就是和他合不来。""我是急脾气，他是慢性子。""我是慢性子，他一点就着。"有的理由更加奇怪："师父有点儿'冰山'，所以相处起来觉得别扭。""师父是个大胡子，皮肤黑。我根本不想跟他说话。"其实，这样想你就错了，你不是在拒绝别人的指导，而是在"自杀"，"杀死"自己的生命和时间。

怎样选择一个合拍的师父呢？只要你清楚自己是在找师父，那你选择师父的理由就不会太"龟毛"了。如果你的技能足够过硬，那么从任何一个师父身上，你都能学到想学的东西。学无先后，达者为师。不然的话，你真的是来找师父的吗？你是来找白马王子或白雪公主的吧？人在职场，师父不会只有一个，也不会一个师父跟到底。在选择上不要那么挑剔，实在互不相容或无法忍受，不如坦荡地提出自己的要求。

判断师父合格与否的标准只在于，你是不是每天都能学到

一些东西。你能发现自己的改变和变化吗？你会想到在三个月或半年后，你成长到一个什么样子吗？

一个很不合拍，每天骂你，却能让你进步的师父，好过那些对你千好万好，却始终让你停在原地、一成不变的师父。

有岗位就有竞争，刚入职场，我们总是会把竞争的焦点放在"他和老板关系好""他很喜欢拍马屁""他是一个很有手段的人"。但是，慢慢你会发现，在一个正规的公司里，这些都不是真正的原因，一个人能否在某个岗位脱颖而出，是看你能否把这个岗位做出不一样的成绩，有自己独一无二的方法。看起来岗位职责都一样，但每个人做出来的成绩可谓千差万别。

同样的职位，怎样才能做得比别人更好

当你觉得自己的工作特别无聊，又没有办法换岗和升职的时候，是不是应该坐下来安静地想一想，你现在的工作是做得足够合格，还是足够漂亮？是足够节省时间，还是足够在上班的时间完成？

先分享一个我特别喜欢的故事。

有两家肥皂厂竞争得特别厉害，但在各自的整个流水线上，偶尔都会出现肥皂盒里没有装进肥皂就封盒的情况。为了解决这个问题，一家肥皂厂投入了大量的人力、物力进行调研和讨论，然后把解决问题的任务交给了专门的研发部，花了大量的资金和

时间研发了机械手,机械手能够有效地探测到哪个盒子是空的,然后挑出来。果然,这家肥皂厂之后再没有出现过封空盒的情况。老板对研发部很满意,认为他们解决了一个难题,作为研发部很合格。

另外一家厂没有那么多资金,也没有研发部。一个工人琢磨一会儿之后花了 30 块钱在街边买了一台小电风扇,调到二挡,放在流水线上吹。装上肥皂的盒子自然安然无恙,空盒子就被吹下了流水线……

于是,那个工人开始火箭般地升迁。老板说:"有这样脑子的人,只要心思全用在工作上,宇宙也阻止不了他啊。"

在一个特殊的岗位上,你有不一样的表现,大家会认为挺好,但不会惊艳。在一个万年不变的岗位上,你做出了一些不一样的东西,绝对艳惊四座。新浪微博的申晨跟我分享过一件事,说他的秘书让他爱到不行,恨不得她一辈子不嫁人,只跟他一人搭档的程度……开个玩笑。

申老师的秘书给他的每封电子邮件的标题上都会注明:阅读该邮件需要占时几分钟。作为一个大部门的领导,每天要阅读的邮件量大得惊人。陈默(原宝洁大中华区公关总监)就曾说,他邮箱里永远都躺着上千封未读邮件,他必须从中挑选出最重要的先进行阅读和审批。相比之下，申老师就走运多了，他只需先把重要的和简单的回复，然后再死磕剩下的。

能做到这样的人多吗？起码新浪这么大，申晨见过的人那么多，现在为止他只发现了这么一个。而陈默作为年轻有为的外企总监，却一直还未遇到。

其实，在邮件标题上做个小提示一点儿都不难，难的是大多数做这个工作的人，都不敢或者从来没有想过去改变一个大家都默认的工作习惯。因为"大家"都认为应该是这样的，所以你就认为"应该是这样的"。

光线的《最佳现场》节目组里有个岗位是公司所有部门中唯一的一个，叫作电视策划。因为策划不那么好干，所以在大多数媒体公司都没有策划这个岗位（现在就想做策划的同学们暂时先打消你的这个念头吧）。当初，申请岗位的时候特别麻烦，因为公司从来没有，所以不仅要写岗位说明书，还要说明这个岗位的重要性，以及这个岗位和主编岗位的一些区别。在一次次申请过程中，我几乎都要放弃了，但只要想到这个岗位一旦申请成功，自己的工作就会轻松很多，于是斗志又来了。为了未来几年能轻松个 20%，现在多忙个 20% 也是可以的。事实证明，有了这个岗位之后，我的工作起码轻松了 30%，这让我把更多的时间花在思考其他问题上。

以前，策划这个岗位的工作是分摊在各个节目主编身上的，有的主编负责审片，有的主编负责前采，有的主编负责广告，他们做得更多的是事务性工作，而创意性工作是需要沉下心来思考的。一旦工作性质有所不同，除非情商非常高的人，否则频道切换会经常死机。必须得强制关上其他的程序才能释放空间开启新的创意程序，不然内存都不够。

当策划岗位被批准下来时，我舒了一口气。终于有人能每天固定观测其他的竞争节目，能第一时间提供国外最新节目的素材，能找到最有创意的各类短片，能将一些新鲜的元素融入现有节目，提高节目活力了。然后，再将一些节目用不到的创意提供给广告进行血液输出，让广告客户也有惊喜。

我们部门的策划名字叫昭阳，我们最早相识，是我做一个脱口秀节目的策划案时，在上网发现有一篇专门分析梁冬《娱乐串串烧》的文章，点进去是个博客。我发现博主的文章写得不错，很有想法，于是我给博主留言，希望能进行一些探讨。没多久，博主便回信儿了。这个人就是昭阳。他在广州，我在北京。此后将近两年时间，他常常会和我探讨一些新型的电视节目。他也会通过卫视收看我的节目，然后提出一些他的意见。以至于我不自觉中，一旦有什么问题都会第一时间给他留言寻求意见。

等到有一天，公司突然让我兼任《娱乐现场》节目总监时，我觉得我必须要一位每天在身边，又能解决问题的同事。想了半天，我想到了在广州的昭阳，我问他是否愿意。他很快就做了决定，第二天下午，拎着小箱子飞了过来……

此时，我仍没问他之前从事的是何种工作，因为我的潜意识就认为既然他能和我聊那么多，解决那么多问题，那么他在电视方面肯定非常专业。等入职三个月后，我突然发现昭阳虽然有奇特的创意、发散的思维、一手的信息，可他完全不会用机器，完全不知道电视画面质量的播出指标和电视制作的流程。

不夸张地说，当时我觉得我人生中做过最"黑暗"的决定就是和昭阳成了同事。他仅仅凭着对电视的了解、热爱和分析就轻易地让我误认为他是一名逾越基层的高级电视人才。在我既有的定义中，电视人就应该从基层做起，只有了解了各个岗位才有进阶的可能，除非有一种可能性——完全从另外一个流派的做法来诠释电视行业。而昭阳在后面的几年中，用行动证明了这些。

那些大方案和策划我就不举例了，他第一次让我觉得他改进了团队永远都不可能改进的问题，仅仅是通过一件特别不起眼的事，这让我意识到他未来有可能给团队带来创新和冲击。那时，很多嘉宾专访过后，导演们都会拿一些"祝×××节目收视长虹""祝×××观众新春快乐"之类的祝福ID。那天的嘉宾是一位台湾歌手。采集ID之前，昭阳把导演手中准备好的稿子撤了，换上了几份由繁体字写成的ID。导演不明白为什么。直到录完ID之后，台湾歌手突然停住对导演组说："我们从小接触的是繁体字，这是我第一次在大陆做节目，有节目组准备繁体字给我念。虽然简体我也懂，但是非常非常感谢你们的准备。"

　　这是一件小到不能再小的事，却给整个节目组带来了很不一样的感受。

　　我们一直以为并坚持的东西也许不会错得离谱，但谁也不能站出来说它十分正确。同样的工作，稍微改一些习惯性的思维，就变得和其他人不一样了。

岗位有初级与高级之分，要去挑战高级的岗位，首先要能胜任初级的岗位，让人看到你的游刃有余。除非一个岗位的要求完完全全与你的性格相悖，否则最好不要轻易说出"我的性格不适合做这个"。毕竟，绝大多数老板会认为——很多事情都是万变不离其宗，你一件事情做不好，别的事情肯定也做不好。

你觉得这个岗位不适合你，到底是岗位太差，还是你太差

《中国娱乐报道》是公司以前的一档娱乐资讯节目，大文是主编，25岁，年轻有朝气，对待任何工作从来不说"有点儿难"，只会说"我们试试"。遇见这样"正能量到毫无底线"的同事，我常觉得这是上天赐予的礼物。

作为"礼物"的大文对节目的改版很有想法，他说："娱乐资讯节目原本就没有条条框框，要先做我们自己感兴趣的好东西，这样观众才会感兴趣。新闻的写法、专访的对象、活动的参与，都有一个标准——发布在新媒体上，公众是否有兴趣。自己投入，观众才会投入。"大文整个人身上带着火山爆发前的

能量，谈到理想，双眼放出来的光彩让他整张脸都能变成逆光的。我说："好的，请加油，年轻人。"

一个月，三个月，半年，一年。我从光线电视部转到了光线影业，大文的火山仍没有爆发。后来，大文终于来找我。一见到我，他就说："同哥，我觉得自己做不了娱乐节目……"一连串说了很多。总结起来，他认为自己尝试了很多方法，依然没有效果。他觉得自己的能力无法在电视行业继续做下去，只能转行做电影。

正能量的人平时很少抱怨，可一旦抱怨起来，一定是想得非常清楚，条条理由直插软肋。看他那么决绝，我问："那你在影业打算做什么？"他说："我觉得自己可以做电影立项初期筹备纪录片的拍摄方案，电影上映前期整体的宣发方案，病毒视频的拍摄，电影上映时热议话题的设计，以及大众观影的引导……"

说实话，我觉得他对电影这一块说得挺好的。也正因为如此，我决定让他在自己挖的坑里摔得尽兴一点儿。我说："你觉得这些内容有人看吗？"他说："当然有啊。"我问："谁看？"他说："只要我执行得好，大众都会看。"然后用几部电影进行了详尽的说明。

我就说了："你刚才说的这些，多好啊，你现在就做出来，然后找一个好的呈现形式，在《中国娱乐报道》的节目里播出不就完了？不仅网络上能看到，电视里也能播，一举两得。"

大文突然愣了，还想反驳几句。我说："你之所以现在觉得自己没有突破，不是你的想法没有突破，而是你的执行力没有突破。如果换一个岗位真的能改变你的现状，我愿意帮你转岗，但你现在的问题是自身的问题，并不是岗位的问题。"

大文思考了几十秒后，默默地出去了，留下一句话："好的，我明白了。"

我一直认为，世界上大多数的事是相通的。重点不是你在哪里，而是你可以把事情做到什么程度。在娱乐节目里，大文完全可以做与电影相关的任何内容，只要好看。这与他在不在电影行业工作并没有直接关系。只是我们常会说服自己，觉得自己无法突破的原因是待错了地方。要知道，越是在恶劣的环境中做出成绩，越是容易被人看到。反而在顺利的环境中，一件事做得再好，大家也觉得不过是理所当然的。

后来，他带着节目团队完成了一系列颇受欢迎的电影病毒视频。我们也真的在考虑，打算把他调到影业宣传部来。

当你把焦点聚集在"我究竟能把一件事干得怎么样"，而不再是"我究竟应该在哪里干这件事情"时，你对事情结果的在意一定会超过对自己的在意。别人看到的都是你干的事，而不是每天抱怨的人。

> 在职场，除了能埋头把自己的事情做好，如何将自己的想法很好地表达出来，让同事或老板很清楚你在做什么，你的计划是什么，也很重要。开会就是检验一个人是否全面的重要场合。不要以为不说话就万事大吉，开会是一个让别人记住自己的机会，你放弃了这个机会，光靠埋头苦干去证明自己，真的会困难很多。

开会发言，为什么我总是说不到点儿上

甲之蜜糖，乙之砒霜。

一度，我比较奇怪一些朋友的言论和看法。他们说："刘同，你有没有觉得上班的时候开会，或者讨论什么问题，特别烦人。做好自己的工作就得了，还要没完没了地发言，人哪有那么多建设性意见？"

这种心态很奇特。

会议、讨论，是多么好的机会。你可以通过自己的发言，把自己的观点讲给所有人听，能让平时注意不到你的人把目光投向你。这是一个交流和说服的过程，当你的意见能给别人带来启示的时候，那会是一种异常舒畅的感觉。

大家几乎都在抱怨没有机会，没有舞台施展自己的才华，相信自己是怀才不遇，是没有及时闪光的金子。当一个最吸引眼球的高光舞台摆在你面前的时候，你却要说烦！这种心态还真有点儿叶公好龙的味道。**任何需要你发言的时刻，都等于把你置于舞台之上。不一定需要你有什么建设性的意见和评论，能对工作产生帮助的语句、观点，都会给你带来与平时不一样的关注。**

Y经常向我诉苦，他说："你说的这些我都懂，大家也都懂，让人觉得烦甚至有点儿恐惧的正是这舞台的高光。你不能保证每次发言都能得到喝彩，为此得挖空心思、绞尽脑汁。这玩意儿是把"双刃剑"，在给你机会的同时也憋着毁你一道。可能一句不当的话、不当的言论，或者一个不怎么好的中庸说法，就会让别人把你归在某类当中。你没那么平庸，可一旦你在会议上被人认为是平庸的人，这个印象就很难挽救回来。"

我很诧异，在地球上，还有什么事情是没风险的吗？举个偏激的例子，你吃个咸鸭蛋可能遇到苏丹红，喝杯牛奶可能就有三聚氰胺。危险无处不在，河豚有毒尽人皆知，可是江南一带的河豚馆开得如雨后春笋。再者，会议是把"双刃剑"不错，那你就宁愿放弃这个舞台，而不要自己的高光时刻了吗？就算你做得到，恐怕你的沉默和推诿也会直接坐定大家对你的印象——这是个没有料的家伙。

发言，结果可能是好，也可能是坏。不发言，那么你就"死"定了。

不要把发言当成一种负担，而要当作一种享受。因为这是工作带给你的权利，对于自己的权利，要抱有一种积极、主动的心态去享受，而不是逃避。

走向社会的第一年，我对开会有着一种莫名其妙的跃跃欲试、欣喜异常的心态。一遇到开会，肾上腺素就会猛增。平素里作为一个新人，我在办公室根本没有发言的机会，即便说点儿什么，对方也都会心情好了顺便听两耳朵，心情不好根本连听都不听。年少轻狂，幸福时光。我觉得，为什么我这颗金子还没有被人发现自己的高纯度？可怜一匹日行千里的好马，被这些俗人关在这儿干拉车的粗笨活计，我可爱的伯乐你在哪里？你在哪里？

记得第一次全体会议，我感到机会终于来了。那是全体会，意味着上上下下的领导都会参加，也许就可以像楚庄王一样，"不鸣则已，一鸣惊人"。我做了当时自己认为最翔实的准备，内容自认为很劲爆、很给力。我把平素从各个渠道获取的关于管理啊、公司啊之类的知识与自己挑选出的知名企业的经典例子糅合在一起，再加上自己的一些想法。即便如此，我还是觉得不够分量，于是就加了一点儿偏激的观点，以为这样能吸引大家的注意。尽管那些观点我自己都不大认同，可是感觉只要这种观点别人没有说出来过就好。

新人得不到在会议上固定发言的机会，我在心里鼓足几次劲儿之后，终于张开了嘴："我想说几句。"然后滔滔不绝地讲起来。越说感觉越良好的我，没有看到自己主管铁青的脸。那次会议结束后，主管对我的评价是："刘同，你是要疯啊？"

很不幸，我失败了。这次失败降低了我对会议的热衷程度。很长一段时间内，公司同事都把我看作那样一种人：志大才疏，夸夸其谈。小屁孩儿什么都不懂，还非装成万事精通。

不理解，心里却留下了阴影。下次会议的时候，我问主管："老大，到底开会我要说点儿什么？该怎么说啊？"

主管的回答是："我不知道，这事儿你别来问我。"

现在回想起这段经历，觉得自己真是无知者无畏。我可以随时挑出当年自己的很多问题来：全体会议的中心主题是怎样做好宣传和推广，我谈的却是公司管理和日常工作中的漏洞，简直驴唇不对马嘴。而且，不懂得察言观色，没看到大家几近崩溃的表情，仍旧继续滔滔不绝，说了几十分钟。最可恨的就是那些为了吸引别人眼球而让自己显得偏执的观点。综合上面这些，我要是能得到正面认可才怪。

无论你把发言的场合当成舞台也好，高光时刻也罢，务必先弄清楚，这个舞台上演的是什么节目。如果你穿着燕尾服，像唱歌剧一样上场，自我感觉良好地站在聚光灯下，发现舞台上表演的是京剧，可以想象，你是多么愚蠢和格格不入。

　　我觉得很多人都会有相似的经历，有的甚至干脆发展成了发言恐惧症。不过，当你真的克服这种阴影之后，再去面对这些问题，就会发现，其实解决起来很简单。摸清楚发言场合、情况、列席人员和主题，这是你准备发言内容的必要依据。千万不要想当然地自己跳舞，这样会让你的发言变成无的放矢。

　　老板和我有过一段对话。我问老板："开会的时候，你最不想听到什么样的发言？"老板的回答是："除了那些文不对题的发言，我还讨厌那种漏洞百出的发言，这让我感到自己被敷衍，是在浪费时间。而且，这个人根本没做好任何准备。我甚至会想，他到底在工作上是不是尽心尽力。"

　　一次发言的准备说简单也简单，说困难也困难。简单到只要你明白场合、情况、列席人员和主题，结合你的日常工作，就可以开口发表意见。难的在于，这种发言总会有它不到位、不恰当的地方。想要让发言变得完美，没有大的缺陷，需要你千锤百炼地去提炼它。一人智短，两人智长，所以当你觉得再三思考的发言还不够完美的时候，在发言准备中，可以借助别人的力量。

所有的发言内容要自己先默念一遍。换位思考，如果在会议上，你的下属这么讲，你会不会找出他的把柄和漏洞。后来很多次开会前，我都会把部门的同事叫到一起，大家都先做一遍发言，找漏洞，指出缺点。辩解得好，没有瑕疵，好的，到会议上你就去对付老板和参会的人员；辩解得不好，大家就会一起来告诉他，你要怎么去做、怎么去说。

自己的想法和观点一定要讲清楚，不要害怕别人的质疑和与人争执，要相信自己准备期的千锤百炼。发言不要害怕争执，每次开会或讨论，最终的目的是要解决问题。争执不会让老板担心，解决不了问题才会让老板心慌。

> 很多进入职场的人害怕在两种场合发言：一种是开会，另一种是与合作伙伴沟通。我曾经也很害怕与合作方沟通，呼吸都变得困难，似乎连咽一口唾沫都怕被对方看出我的紧张。可是慢慢地，我就克服了，也不害怕了。

为什么我很害怕跟合作者打电话

别抱怨你在电话里总是解决不了问题，那是因为你不会使用电话。如果你知道国外电话营销招聘员工的条件有多苛刻，你就会发现，电话不是那么容易被玩转的东西。

举两个我自己亲身经历过的例子。

一个是电话模拟邀请艺人来参加我们的节目。

"你好，我是光线传媒的员工，我们想邀请×××来参加一期节目，请问他有时间吗？"

"不好意思，×××最近正在拍一组平面杂志的写真集。"

"哦。"

"如果我们能及时完成的话，到时候我再跟你联系，商量这件事情。"

"哦。"

"非常遗憾，希望我们下次有机会合作。"

"哦，谢谢你，再见。"

这是艺人关系部培训里的模拟对话，一名进入公司半年多的员工打电话邀请某位艺人，而我作为对方的经纪人，在成功地拒绝了她的邀请后，心里没有半点儿惊喜，因为她实在是太逊了，让我根本不用花费心思去应付。

打电话是件看起来谁都能做的事，只需要你知道对方的电话号码，而所有的培训资料里告诉我们的关于电话的几件事大部分雷同：正确地讲究电话礼仪，用好"你好""谢谢"等礼貌用语；电话接通后，先说明自己的身份和来意……诸如此类。这些没错，但只是最基本的技巧。就犹如你在驾校，老师告诉你，什么样的标志是禁行，什么样的标志是限速，什么样的标志是交通管制。可是，即便你将所有这一切背得滚瓜烂熟，也并不代表你真的能开车上路，或许你连基本的起步都做不到，又或者你被堵车和复杂的路况弄得手忙脚乱，一上路马上就与别人发生摩擦。

电话分为两种：一种是传达，另一种是沟通和交涉。

传达式的电话很轻松，除了注意语气和使用常规的电话礼仪，我的建议是在拨打电话之前，无论你的心情如何，都要调整一下，带着笑容去跟别人联系，笑容和语气是能通过电话里的声音辨别出来的。我们常常能在一通电话后，判断出电话另一头的那个家伙是心情不错，还是郁闷、沮丧。而保持笑容，会让别人乐意接你的电话，因为你带来的总是不错的情绪。切记任何电话都不要带有公事公办、冷冰冰或毫无情感的情绪，没人愿意跟一个电脑语音机或复读机交流。

而沟通和交涉性的电话，麻烦就比较多一些。它真的是一个说服对方、斗智斗勇的过程，你会在这个过程中拿住别人，还是被别人拿住，机会把握在你手中。

另一个是我打的投诉电话。

某个大航空公司常年有一项优惠活动：春运期间订票，会得到未来订票二百元的优惠。优惠券以电子券的方式发送到手机里。

春运时，我要订票回家。那时候刚好换了手机，所以电子券被我弄不见了。在电话订票的时候，我问值班小姐是否可以使用电子优惠券。一场博弈就这样开始了。

"对不起先生，我查询了一下，我们没有这样的活动。"

"麻烦你把刚才的话重复一遍。"（这样强势地说，要求复述，会让对方认为你在录音。留下录音作为证据，往往是她们不能接受的，会联想到很多。）

对方沉默一会儿。（心里考虑后果的阶段。）

"那这样好了，我再去给你查询一下，请你稍等。"（这是在拖延时间，想其他的办法。）

"好的。"

"先生，我刚查询了下，查到的确有这项活动，请问你电子券的号码是多少？"

"电子券？你们什么时间发送过？"

"先生，是这样的，我们对符合标准的用户，都发送了电子优惠券到手机里。请你报出号码，就可享受这次的优惠了。"（抓住你的新破绽，没有电子券，或者电子券号码。）

"小姐，我想问下，你们电子券究竟发放了没有？我是不知道的。也许你们的确发放了，可是我却没有收到。难道你们在发放电子券后，没有一个短信或者电话确定的过程吗？这让我怎么去确定你们的确发了，而且我收到了？"（抓住对方的破绽，任何服务不可能尽善尽美。）

"先生，对不起，这样的情况我没有办法帮到你。"（认定自己的胜利,觉得道理站在自己这边。)

"麻烦你把刚才那句话再说一遍。如果你无法帮助我解决这个问题的话,我想我会进行更高层次的投诉。"(同样是类似录音的心理战术。)

对方沉默了一会儿,说:"先生,你看这样好不好,你先挂掉电话。我请示一下领导后,再给你回复。"

"你把你的工号、姓名告诉我,我可以给你五分钟时间,如果接不到回复的话,我会进行更高层次的投诉。"(避免她拖延,无休止地消耗你的时间和耐性。)

挂机五分钟后,打电话过来的是值班经理:

"你好,先生。你的电子优惠券,我们帮你查到了。不过,根据公司的活动规定,这张电子优惠券必须是购买国际航班的时候才能使用。"(改变新说法,就是不让你得到优惠,寻找新的理由。)

"是这样吗?我记得当时参加活动的时候,你们的服务人员并没有对此进行告知。你等下,我在当初看到活动的时候,对你们的网站做了网页截图。我再确认一下。"(你要让对方知道,你有证据,有所依仗。)

沉默。

"对不起小姐,我看到自己的截图上,活动内容中没有提及必须是国际航班才可以享受优惠。不管怎么样,这是你们的失误造成的。如果我不能享受优惠的话，我认为你们这是在欺骗消费者。你如果无法办理优惠的话，请复述下你刚才的话，我会向相关部门进行投诉的。"（给对方一定的时间思考，然后再提出新的要求，或者告诉对方，如果他们不这样，我会怎么做。）

沉默。

"作为一家国内数一数二的航空公司，我相信你们是不会犯这样低级错误的，对吗？我曾经在国外的时候，被移动扣除了不少的国内长途话费。我去证实了自己在国外后，移动马上给我办理了退费的手续。相比于移动来说，我相信你们在处理问题方面应该更加高效。"（抬高对方，指出这样做不符合他们的身份。并且说出类似的企业，我也胜利过，进一步施加压力。）

这通电话最后的结果，是我得到了二百元的优惠。不过，让我觉得有趣的是沟通的整个过程。从整个过程中可以看出，对方看似在帮我解决问题，实际是在寻找我这个丢失了电子券的顾客的各种破绽，以达到不让我享受优惠的目的。

幸运的是，在这场"斗争"中，我胜出了。

电话里的说服和沟通，要时刻注意对方的心理变化。清楚对方担心什么，最大的凭仗是什么，才能不断地调整自己的战略，在电话里占尽上风。

刘墉说："我不是教你诈。"我其实也不是教你如何投诉或者反投诉。在工作中，达到自己的目的是最重要的。当你遇到你觉得没有十足把握的电话，或者对方谈起的事情你没有彻底明白的时候，也不能表现出一种弱势。

A：在对方倾诉的时候，千万别发出"哦，哦"的声音。这会让对方觉得你什么也不懂，会看低你，并且觉得说服得了你。他会随之强硬很多，让原本简单的事情变得复杂。

B："嗯，嗯，嗯"是个不错的选择。即便你没有彻底明白，给对方的印象也会是，这个家伙听懂了，只是在摸我的底牌。

C："然后呢？然后呢？然后呢？"是"嗯，嗯，嗯"的升级版本，这会让对方觉得，你对这件事情很清楚了，主动在催促对方快些表述完。这也会给对方一种急迫感，让他在快速的阐述里留下漏洞。

D：沉默也是一种不错的办法。当对方试探地询问"你还在听吗"时，就证明他已经有些乱了心绪。你及时询问："你还有什么要说的？"会让对方产生自己处于弱势的感觉。

除了尊重外，在接打电话时，千万不要透露自己任何真实的情绪，否则你就可能处在下风。当然，这不在你和亲戚、朋友的电话交流技巧当中。

跟客户谈判时老是很慌乱，问题出在哪里

在和客户开会或谈判的过程中，是否应该打电话向他人咨询？这个问题我曾和团队成员很严肃、认真地探讨过。无论是和公司，还是和个人沟通，我个人都很反对在正式谈判时，打电话咨询外援。临时打电话的原因大概有三：第一，你忽略了某个重要的指标与例证，证明你对公司的业务不熟悉；第二，你的预判有误，没能预估到对方可能问到的问题，只能现场咨询，显示出你的准备不充分；第三，你可能仅仅是想炫耀一下新买的手机。

先说第一点：业务不熟悉。

当谈话内容中涉及一些指标性问题时，如果你是一个工作

狂，自然张口就来，但如果你只是个谈判高手，那就必须事前熟记需要的内容。我们公司有位销售总监，记忆力好得吓人。无论客户问到任何节目任何时间段的收视率，以及各年龄层人群分类收视率、竞争节目收视率、三年同期节目收视率对比，他都能很沉着地回答，根本不用在 PPT 上翻来翻去。客户特别喜欢和他谈判，不但节约时间，而且他的专业能力让客户很信任。相反，那种任何问题都要查阅资料的销售员，客户对他们的评价是："你是带着一本乘法口诀表吗？我们希望谈判的对象是带着脑子来的，不是带着嘴来复读的。"

再说第二点：对谈判内容预估不足，经验尚缺。

曾经有一次，公司的某位总监要找下一级的节目主编谈话，目的就是让其暂缓两天工作，好好思考一下在工作岗位中犯下的错误。在谈话前，我对总监再三交代，要他把谈的内容想清楚，把最终的目标定明白，才能找主编谈话。

于是，总监去了。

十分钟后，我的电话响起，是这位总监打来的。一接通，对方就说："是这样的，主编不愿意暂停手头的工作，他还想继续做，我该怎么办？"我头上的汗就流了下来，我能想象那位主编坐在总监对面，看着总监手足无措给我打电话求救的样子，他的心里一定在想：我看你能拿我怎么着？！你也只能打电话求助吧！

事后，我很严肃地对这位年轻的总监说："以后无论发生任何事，尤其是当你和你的谈判对象在博弈时，千万不要当着对方的面打电话寻求救兵。一打电话，你就输了。一方面，显得你没有准备好；另一方面，气势上你就输掉了一大截。"

最后一种情况：为了显示你最新的高科技电子产品。这可不是开玩笑。曾经有一次，我去给销售奢侈品的客户提案，特别问朋友借了台全红色的法拉利限量版笔记本电脑。提案结束后，女客户纷纷围着笔记本发问，我一一解答，我与她们的关系瞬间被拉近了。我不仅告诉她们哪里有卖，还跟她们说了平均售价是多少，如果托人买的话能便宜多少钱，同其他笔记本的区别是什么等一系列问题。项目谈成之后，客户告诉我："你在回答笔记本问题的时候，让我们觉得你除了工作之外，对生活中事物的了解也一样有逻辑性，让我们更放心了。"可见，工作中没有任何一件事是废事。只要这件事你用心了，总有那么一刻会让你因此而绽放光彩的。

> 我们常常在电影、电视剧里看到这样的故事：主人公辛辛苦苦地办成了一件事，最后却被别人夺去了功劳，他们只能忍气吞声。每次看到这种剧情，我都在想：现在的职场那么光明正大，那么透明、敞亮，如果一个人真正付出了无法取代的功劳，怎么能被遮掩光芒呢？在我所认为的职场中，一个有才华的人是无法被掩盖的。

凭什么我的付出最后都成了别人的功劳

电影《大话西游》中，啰唆的唐僧是个不讨喜的角色。他有句台词，让很多观众在内心里咬牙切齿，恨得牙根痒痒。他对悟空说："黑锅你背，去死你去！"

领导，在职场中无法忽略的因素，让人又恨又爱：一边想得到领导的重视，得到照顾，跟他搞好关系；另一边又有人说"领导其实没什么能力，尸位素餐，全靠老子帮你打天下，最终错误都是我的，成绩却都是你的"。

业绩是办公室里永恒的光芒，像钻石一样，是你一切的过硬保证，也是大家眼馋和追求的对象。一个不小心，很可能你就会发现，你做的跟你得到的不符合。也许在更高的领导和大家心目中，你的付出都变成了别人的功劳。

面对这样的局面，到底该怎么处理才好？

我将这个问题划分成两个小问题来进行回答。

第一个问题：什么是功劳？

"一千个人眼里，有一千个哈姆雷特。"哪怕是灭绝人性、坏到头顶长疮、脚底流脓的杀人犯，也会有人觉得他其实人性不错、热血豪爽。功劳也是这样，很多时候，你的功劳其实是放在一个不对等平台上去进行比较的。你觉得很大的事情，放在上司或老板眼里，也许根本不是功劳。而你觉得小的事，在他们那里反而显得弥足珍贵。

以自己为例，我在光线的头两年，老板根本不知道刘同是谁。那段时间，我觉得自己做得不错，在岗位上做出的业绩一直在提高，而且下面的团队凝聚力强，"欣欣向荣"。可是，老板为什么没注意到我？因为在他看起来，我雇用一个人来做这份工作，那么做好这份工作的一切，都是他应尽的职责。在他的定义当中，这应该是苦劳，理所当然。

而让老板注意到我的，是另外一件事，那就是我提出要自己去邀约明星的时候（当时，公司邀约艺人都是通过艺人关系部）。在我看来，我这是为了自己的工作。而他的解读是，如果每个节目都可以这样，公司可以节省一大批人力。如果由节目组直接跟明星沟通，有了交流默契的话，节目拍摄下来会更流畅、更好看，这是提高效率的一次变革。

你所想的功劳不一定是领导、老板心里想的功劳。认为自己与领导、老板对功劳的定义一致，这种误解会让你变得偏激。你做的贡献并非都被上司领走了，只是大家觉得这是你应该做的事，所以才没有给你期待的回馈。功劳是由公司来定义的，公司定义的功劳才是真的功劳。不要把自己定义的功劳无限放大。上层没觉得你功劳大，是你做得还不够大，或者说你还没有找准真正功劳的方向。

解决了第一个问题，第二个问题就迎刃而解。上司不是傻瓜，合作伙伴也不是"阿呆"。如果你真的做出了公司定义的功劳，他们是不敢也不会去冒领的。他们顶多会想着在你吃肉的时候跟着喝那么几口汤，因为真正的功劳必然会得到公司的认可，公司知道他在某些方面有极强的能力，那么好，下次遇到类似的事情，肯定还会交给他做。但是，如果这个事实际上是你处理的，那么当公司再要求他做的时候，他是不是还要过来求你？如果他抢了你的功劳晋升，你根本就不会尽心尽力地去帮助他了。那么，他不是自己让自己颜面扫地吗？什么样的公司会有这样的蠢材呢？

其实，当你有了公司认可的功劳时，你的光芒是无法被掩盖的。

　　当你因为功劳而获得晋升或其他表彰时，别觉得你的上司也获得表彰是在抢你的功劳。记住，你的舞台是他掌控的，你的机会也是他给的。你有成绩，也是他作为领导的成绩。他在获得晋升时，一定会带着得力的你一起进步。人一生当中，要找个好领导。遇到那种怕你有能力、不给你机会的领导，你是不是更哭不出来？不用太在意功劳的大小，放平心态，知道一荣俱荣，不断进步就是你最大的胜利。

> 我曾问过我的某任领导一个问题："是否只有公司给了我权力，我才能命令部门的同事去做一件事？"他纠正了我，他回答说："最好的管理不是靠权力，而是讲道理，是说服他人的管理。如果你无法说服同事，那么即便你动用了权力，这件事的结果也一定不会太好。"

我觉得自己是对的，为什么同事都不听我的

"刘同，我有个问题想咨询一下你。"

"请讲，谈不上咨询，我们可以聊聊。"

"我又换工作了，这是我两年里换的第五份工作。我不知道怎么了，命犯小人啊，到哪里都有人跟我作对。我说东，他偏偏要说西。明明知道他是错的，就是不听我的！"

"你感觉这是为什么呢？"

"他们太固执啊，那些浑蛋，都不好好跟我合作。"

"你介不介意我说一句直接的话？"

"你说。"

"这样下去，你不是换来换去一直换工作，就是彻底没工作可

做了。"

我不是一个太受欢迎的人，尤其是接触我的人，都有这样的感触。因为我说话直接，很多时候都会刺激到别人。可我坚持要说出我心里的想法，这样才能给这些发私信咨询的观众带来一些帮助。

这个电话里，我留了一个问题给对方去想：你说别人不听你的，不愿意和你好好合作，那么好，请你拿出一个让别人听你的、信服你的理由。

再简单一些：你真的就认定你的想法和做法是最正确的吗？

遗憾的是，这位读者直接就犹豫了。是，有人能根据自己的经验、能力，对事情做出准确的判断，然后敢于肯定自己的做法是最佳选择。但很明显，他不是。想让别人听你的，前提是自信，而且要对事情有绝对的把握。在你都觉得自己的办法也许有一些冒险的时候，企图让别人照着你的想法去做，就是一场赌博。每个人都有自己的想法和做事风格，如果你的提议不是最好的、最适合现在这个环境和背景的，凭什么要别人按你说的做呢？

自信是一种很好的品质，它建立在自知的基础上。如果你恰好拥有这种能力，那么就可以提出让别人听你的这种要求。人是需要去说服的。语言上的争执是无能为力的。"人嘴两张皮，反正都是理。"任何想法和办法，只要想找毛病，鸡蛋里也能挑出骨头来，这是毫无疑问的事。

比如有观众不服气地对我说："当初，我在一家牛奶企业给他们做市场推广和宣传。我觉得到央视去做广告，是对企业和品牌都有巨大推动力的好事，可是我的提案一次次被否决。我不服，这明显就是欺负我。"没人欺负你，真的。我问了一下他就职企业的情况。一家地方性牛奶企业，占据的市场份额和主要销售渠道就是在本地区，一年的生产量也很有限。诚然，到央视打广告，是个优秀的甚至是打出品牌的最优选择方案，可是央视的广告费用要多少？你的生产量和利润有多少？在央视打完广告，生产量跟不上要货量，利润没有明显的提升，怎么办？等你解决完这些棘手的问题，广告推动效应已经过期了，投资等于白费，对企业的利益没有带来想象中的增加。你能说你的办法是最好的吗？不能综合分析，脱离背景的想象，会让办法和主意像空中楼阁。最好的未必最适合，抓住这一点，在想要别人向你靠拢的时候，多做一点点分析，会对你有未雨绸缪的好处。

如果你的办法的确是最适合的，那么好，有这个信心，去

用行动和事实说服别人吧。不用在会议上争吵,也不用嘴上斗个不休。 半年前,部门进了一个新人。他约明星的时候,总是没有结果。他很郁闷,工作的动力也越来越小。我问他是不是按照我们培训的那样去做了,他说是。我说:"肯定不是,你肯定有什么环节没做到位,没按培训的办法去做。从现在开始,你不要再继续跟进这个工作了。我来接手,你就负责看着我怎么做,你一步步地来学,来掌握我的方法。如果还约不到,拖延了工作,你工资照领,错误我来承担。"

结果,我只用十五分钟就搞定了。

不用你去说明,他就知道,哦,原来这个事刘同是对的,按他的方法去做没有错。

说服人的过程,是感动别人的过程。你要先让他感到没有风险,有失误你来承担,然后他才会全心地相信你、配合你,最后因为你的一次成功而信服你。 这不是冒险,而是在自信的情况下说服别人最好的方法。很多人不愿意照你说的来,不是因为他不知道自己会遇到什么困境,或者有哪些难以彻底解决的问题,而是他觉得你站着说话不腰疼。再有攻击力的语言,不如放下一切带领他一起做。事实更有力,用事实说话,是说服他人的不二选择。

这样是冒险吗?算是吧。可是,如果让你选择的话,是在冒险里取得别人的信任，把工作掌握在自己自信能做好的方向里，还是不断地和对方相互扯皮，谁也说服不了谁，形不成合力，最终因为分散精力、互相牵制，让工作变得一团糟？

如果在事实面前，对方依旧不愿意合作，或者觉得听你的掉面子，那么换单位吧。这样的公司，或者说起码这个部门是没前途的，你会被这些人内耗而死。

我很喜欢两部电视剧，另一部是日剧《半泽直树》，另一部是 2018 年夏季大火的《延禧攻略》，里面的主人公受人喜欢的最重要原因，就是不忍气吞声，你给我一尺，我一定还你一丈。不是睚眦必报，而是不要忍气吞声。

背后遭人诋毁，该退让还是对抗

竞争对手大概可以分两种类型：一种是纯人际竞争，精力不花在专业上的竞争对手；另一种是纯业务竞争对手。

先说第一种。每个人在每段时间里，总会遇到一些令自己很头疼的问题，解决一个还有一个。每个团队也一定有让所有人头疼的同事，解决了一个还会出现一个。

其实，关于被人背后嘲讽这件事，我太有发言权了。迄今为止，我和我的几位好朋友，每个人都经历过这样的黑暗岁月。久而久之，每个人都有了一套对付这样的人的方法。当我们各自分享自己的经验时才发现，哇，原来大家的解决方法都很一致。正因为有了这样相同的价值观，所以我现在有了一些超级好朋友。

简而言之，你之所以会被人在背后指责和嘲讽，一定是因为你伤害到了和你一个水平线上的人的利益。解决这个问题，办法有两种：第一种是退让，如你所说，"哪怕得第二，也不愿意得第一"，让自己不再伤害对方的利益；第二种办法是做到让自己和对方不在一个水平线上——这也是我和我的朋友们选择的方法。你会发现一个有趣的现象，我们嘲讽的人，一定是和自己息息相关的。我们很难花时间去嘲讽那种特别出色的，或者跟自己差得太远、生活质量拉得太开的人，因为没有必要。

所以，你要做的就是别理他们，做好自己。也许一开始你会很尴尬，心情会受到影响。但是，当你无愧于心、努力工作，得了第一，又得第一，再得第一，直到成为人群中的佼佼者，无人能超越时，你就会发现，对方的力量压根儿就不足以波及你。如果你能被领导赏识或者升职，情况就会更好。一旦拉开了距离，那些嘲讽你的人自然就会知道，无论他们再怎么说，也很难再影响到你了。到那时，他们会立刻掉转枪口，去灭其他利益竞争者了。

说白了，你们一样强，你会遭到讽刺；你厉害一点儿，会遭到妒忌；再厉害一点儿，会遭到非议；再厉害一点儿，会遭到羡慕；再厉害一点儿，就是佩服；再厉害一点儿，就是崇拜；

再厉害一点儿，就是敬仰。

对待团队同事的工作成绩眼红心黑，想尽一切办法极尽侮辱、嘲讽、打击加口头报复之能事，这种人太多了。我常常在想：这些人如果能把这份心思的十分之一放在自己的业务上，那他们将会取得多么辉煌的业绩和成就啊。

如果你多多少少也有喜欢在人背后嚼舌根的毛病，我想提醒你的是，这种带有明显主观色彩贬损竞争对手的行为，并不能使你的身价抬高。相反，这更表明你对竞争对手的嫉妒和害怕。如果你出去面对客户时也保持同样的心理，必败无疑。客户很少会因为你对他人的贬损而购买你的产品，即使他们会暂时相信你的话，等到发现事实真相之后，他们也只会更加鄙视和远离你。

贬低竞争对手根本不可能抬高自己，这种想法最好不要有，因为那是非常愚蠢的。

我有一位 A 朋友，他在国内某房地产公司从事房地产交易工作时，取得了超高业绩。他的同事 B 非常嫉妒 A，把 A 视为事业发展道路上的眼中钉。有一次，B 接待了一位有意购买三套房子的客户。这位客户是 A 的一位老客户介绍来的，因此希望能由 A 为他提供服务。但当时 A 并不在场，根据房地产交易所的规定，客户一般情况下应由第一次接待他的交易员继续接待，于是 B 开始带着客户四处看房子。在带着客户四处转的时候，B 一有机会就向客户贬低 A。他说 A 为人虚伪、狡诈，有过欺骗客户的经历等。出人意料的是，第三天客户打来电话，说他不准备通过这家房地产公司购买房子了，原因是"连 A 那么知名的优秀交易员都如此不可信，这家公司一定不值得信赖"。

得知事情真相的经理当即辞退了 B，但是他给公司造成的损失却难以挽回了。

竞争对手也分好坏。如果你的竞争对手的专注度都在专业上，那么要恭喜你，你找到了一个好的竞争对象。这样的人，能迫使你把更多的注意力集中在工作上，而不是人际关系上。很多场合，当一个很厉害的人获得大奖之后，他会很真诚地感谢竞争对手。也许刚出道的时候觉得竞争对手很可怕，但随着你对工作越来越聚焦，你才会知道有一个好的竞争对手有多么重要。

羽毛球世界冠军林丹的竞争对手是马来西亚的李宗伟。两个人对阵 18 年，重大场合的比赛交手 40 场，林丹的胜场 28 场。喜欢看羽毛球的朋友应该会发现，一开始两个人见面如同世仇，后来两个人见面更多是默契的一笑，惺惺相惜。

没有一个好的竞争对手，该有多么寂寞。

接下来，我再来具体说说什么是对手，什么是对头。

同事总是处处针对我，我要跟他对着干吗

除非你天下无敌、高手寂寞、独孤求败，否则就一定会有对手和对头。就算练到"五绝"的地步，洪七公还有个欧阳锋斗鸡一样地对应着呢。办公室里也一样，有对手、有对头的办公室才不会寂寞。否则，你身在职场，有些时候真的会觉得有些发闷，让你觉得枯燥，难以忍受。

友情提醒，对手和对头的不同，主要体现在作对的程度上。对手比较缓和，很多情况下，我们只是觉得对方有潜力，会对自己构成威胁，所以会不时地与对方比较，想一想怎么做会更好，而不是歇斯底里、不问对错地想尽办法打压对方。

面对对头，则要无所不用其极。有品的还好，只在意见、

办法、工作上和你针锋相对。遇到没品的，直接盘外招、盘内招纷飞，根本没有缓解的余地。对头之间所做的一切，都是为了一个目的，要弄死对方。如果失败了，就会被对方弄死。

明白了这个差异，你大概就可以了解，为什么我们有这个说法：不要去找对手，让对头来找你。

对手和对头是根据人的层次不同在职场出现的。一个对手很可能目前会比你强势，所以你在心里将他当成对手。因为关系比较缓和，你们不会有太过激烈的竞争和针锋相对。彼此可以互相学习，然后不断改变和促进自己的发展。

可是，如果你把他当对头看，那就糟大了，在你自身攻防不足时，就和别人刀刀见血、招招致命，最后的结局肯定是杀敌一千，自损八百。何况，没人愿意找不如自己的人作对，那样非但显得没品，自身档次也会被拉低。

主动寻找对手，记得别把对手当对头看待。你要找的对手可以是职位、能力都高出你的，这样才会成为你前进的动力。拉低对手的档次，就是侮辱你自身的档次，那会让你"开倒车"。

对头大多不是找的，而是当你发展到某个阶段自然而然出现的。就像电影里的大反派，你武功弱的时候，他根本不会把你放在心上，而当你真正给他带来威胁感，甚至触动到他的利益时，你们之间不可调和的竞争和矛盾就彻底到来。

这也是合理的，因为这个时候，你也有了和他死磕的准备和能力。

有对头是一个标志，意味着你在自己的岗位和领域里取得了成绩。否则，不会有人感到威胁和触动。对头的出现，是你获得阶段性成功的肯定。面对对头，你不会妥协，也不能妥协，狭路相逢勇者胜。击败对头是你的乐趣之一。我不是鼓励每个人都好斗如斯。你要明白，麦当劳之所以能扩展到这个地步，就是因为KFC的存在。没有了微软，也未必能出现这么强大的苹果。可口可乐不是有百事可乐在一边虎视眈眈吗？

> 要想成为一个在职场中有魅力的人，除了工作能力强以外，如何表达自己的情绪，让周围的人觉得和你在一起很轻松，也是很重要的一件事。

想成为一个有魅力的人，就要学会化解尴尬

老虎都有打盹儿的时候，人有时做些糗事是难免的。即使像爱迪生这样的天才，也说过电视机不过是玩具，不能给人的生活带来任何改变，而特拉斯的交流电更是凶器，完全不能造福于人。所以，我们在很多时候，表现出一点儿糗、一点儿囧、一点点"out"，是完全无法避免的事。

这样的事情发生得太多了。

我们公司有位叫方龄的主持人，主持着现在 90% 的电影发布会，我们笑称她是"电影首映礼之母"。这样的主持人经验那是相当多，但她曾经在主持的大型卫视直播庆典上，对着霍建华大喊"李光洁"。霍建华尴尬得要命，李光洁心想：我们长得

有那么像吗？直到现在，这件事还被我们拿出来吐槽。

还有一次，我在公司卫生间外面的走廊上，遇见了一个偶像男艺人。所有人都清晰地看到了他"前门匆匆未得锁，一抹卡通出墙来"的样子，但大家都不好意思第一时间当众提醒。只得等他走了之后，大家赶紧给他的经纪人发微信。

这事很有趣，起码你知道了别人的另一面，从而发现：原来这家伙不是我们想象的那样。于是，这也就具备了传播性，很可能在短时间内，所有人看他的眼神都有了变化。

遇到这样的事，你会怎么处理？打压，反驳，还是否认？

无论什么时间、什么环境，哪怕你再不情愿，人总要为自己所做的事负责。当事情真正发生时，它就不再是八卦或谣传，你必须要先接受，然后才能去处理。当你不能接受它的时候，就等于把自己放在了一个更尴尬的位置。与其否认既定事实，不如换个角度让自己解脱。坦然承认可能会让你一时尴尬，但也是你展现自己坦诚和风度的最好时机。

美国前副总统乔·拜登（Joe Biden）在莫斯科国立大学演讲时，忽然口吃，没能顺利地说出俄罗斯石油大亨米哈伊尔·霍多尔科夫斯基的名字，现场哄笑声一片。但是，拜登马上略带调侃地说了一句："这下你们可有的说了，我在俄罗斯的表现不怎么样。"

解决所有尴尬的方法只有一个：摊牌。不要一个人一个人地去沟通，而是一次性向所有知道这件事的人摊牌。 一个个沟通不但浪费时间，而且容易让你在不断回忆自己的尴尬时，在心理上造成一些影响。比如，我和 B 在工作上有摩擦，闹得不可开交，公司其他人都心知肚明，并且当成笑话去看。在这种情况下，只有让所有人都知道我们两个人化解了矛盾，才会彻底让大家了解，这个风波已经过去了，我们俩没有问题了。

嘲笑可以，毕竟是你自己出乖露丑，但不要因为这件事，给对方留下什么不良的印象或者压力：让对方觉得在和你交流时，某些事不能提起，或者在他需要时，还可以凭借这件事给你致命一击。

有些尴尬可以有，但尴尬发生后，切记别遮掩，别藏着，别要面子，勇敢为自己埋单。

尴尬是相互的，有时主体是你，有时主体是别人，别以为自己没出糗就没有麻烦。

拿上面那个男艺人来说。在卫生间，他只遇到了我。他可以确定一件事：刘同知道我的秘密，知道我出了卫生间，忘记拉前门。我如果提醒他，他会感激吗？会对我有好感吗？当然会。可是更多的时候，他会担心，如果刘同大嘴巴怎么办？刘同会不会拿这个当谈资到处去说？即便我守口如瓶、决不松口，他也很有可能不这么想。假如有个巧合，他又犯了一次这样的尴尬，被身边人发现，然后传了出去，让他知道了，他能想到的第一个说出去的人就会是我，就是我到处乱讲惹的祸。

我冤不冤枉？换你，你冤不冤枉？

这绝不是杞人忧天，有数据可以证明。美国人的一项研究表明，所有被人看到糗事和囧事的人，会跟知道他糗事和囧事的家伙保持距离的比例超过了75%。你可能觉得郁闷，明明什么也没做错，却偏偏给自己创造了一个隐性敌视者。

江湖传说和武侠小说中，那些百事通、万事晓，即便不敲诈勒索、满嘴胡话，结果也通常是被人有预谋地杀害。理由简单直白——你让我觉得睡觉都不安稳。

想解除这种状态，复杂也简单，说白了，就是公平。只要你让对方心里的天平不倾斜，就没有问题。我习惯于在知道别人糗事时，也透露些自己的糗事给别人。每个人都有缺点，这让他觉得自己不再处于弱势。不过谨记一点，千万别把太糗的事情告诉对方，要掌握好度。不然你可能取代他，成为一个笑话。

我想明白了，如果下次再单独遇见那个男艺人，还发生了同样的事，我就会拍着他的肩膀对他说："前门拉链忘记关了，我也老忘记拉。做男人就是这点儿麻烦。"这样是不是会更好一些？

> 刚刚说的是尴尬局面,接下来说一说怎样应对弱势局面。

处于弱势局面,别等死的自救方法

一只鹦鹉,好斗成性,极爱面子。一天,它遇到一只养在笼子里的老鹰。养鹰人问鹦鹉:"你敢和我的老鹰PK吗?"

鹦鹉闻言大怒,硬着头皮,冲入笼子。一时间羽毛飞舞,惨叫连连。

不一会儿,鹦鹉浑身羽毛被啄落,伤痕累累。它对养鹰人说:"小样,你喂的这玩意儿还挺厉害,我不光膀子都干不过它!"

鹦鹉很惨,大家都看得到。

这个故事很搞笑。可是,如果发生在你身上,你是否还笑得出来?

有人说："算了吧，我是人，哪有那么傻。"

真的不会吗？

《职来职往》节目常常会收到一些很好心的观众的来信。我记得有观众说："在职场，表现得就是要硬些。心里再害怕，知道这事要糟，面儿上也要撑得住。这样，大家才不会欺负你，你才能保住面子和形象。"

虽然他们是善意的提醒，但是我心里想的却是——你能骗到谁呢？

当你觉得自己处于一个糟糕的境地时，装作坚强、不在乎，就能让所有人察觉不出什么吗？这其实只是在自欺欺人，给自己一个心理安慰和暗示罢了。弱势时，真正的兴奋剂不是自我心理暗示和催眠。那会让所有人看出你是个绣花枕头，从而让你的处境变得更加糟糕。

处于弱势，有两种可能：第一种，你被上司、老板、同事误解，虽然你是对的，但大家认为你是错的，这就将你放在了一个弱势状态下；第二种，你的确错了，你的过错给大家带来了困惑和难题，你没办法不弱势。

成因有区别，对待有不同。不变的是，想要摆脱这个局面，你必须要做些什么，重新得到大家的正面肯定。

我遇到过老板固执己见的时候。我知道自己没错，可这个时候，你没法直接告诉对方：你就是错的，你这样做会造成什么样的后果，给我们带来损失。即便对方不是老板，只是普通同事，你也无法这么说，因为职场中有一个词叫"尊重"。

况且，没有人喜欢而且能马上接受与自己意见不同的人，你需要很巧妙地去说服他们。

你首先要做的，就是截断他的怒火。当他认为你错时，你可以用开玩笑的口吻让他暂停。我常常在老板发火时，一本正经地对他说："你不要发那么大脾气嘛，我知道我错了。你再这样，我喊人了啊！"

这种逻辑上的错位，会让对方忽然失力，找不到发泄点。情绪稳定下来后，你在暂时摆脱被动的情况下，跟他一起，回顾他的想法和意见，表示赞同。然后你可以说：我觉得这么做，在某些方面会不会出现问题，或者在某个环节那么做会不会更好？

心理学表明，当别人表态同意自己的意见时，我们很容易在短时间内冷静下来，并且更能接受对方挑选出我们的某些"小小错误"。很多时候，人们发脾气，不是因为谁错了，而是因为双方都下不来台。所以，遇到矛盾实在难以调和的时候，你可以什么都不说，拎包先走，给大家一个彼此冷静的空间。

我相信，大多数职业人还是灵活、聪明的。真遇到刚愎自用、难以说服的人，你还是可以趁机跳出弱势状态的。你可以说："好，我现在就去做。如果遇到问题，咱们再商量。"

说只是普通阶段的技巧，高端一些的，是笑着说，一定要笑着说。表现宽容其实也是一种强势、自信的表现。说话要有技巧，"我会按照你说的去做，但出错了你别怪我""唉，我真的说不过你，有问题我再找你，真出了什么问题，我再找你看怎么解决"。语气很委屈，不是吗？其实，这是为未来做的铺垫。话说在前面，你给了别人面子，别人也会给你面子。而且，你又有远见，比较正确。这时，别人怎么还会把你当弱势的一方看呢？

如果真是自己错了，就别强撑了。我的建议是，直接认错，第一时间道歉。

有错误时别发脾气，那只会让你变得没有素质、胡搅蛮缠。你错了，别人朝你发脾气，那是应该的，有什么不对的呢？告诉对方："真的对不起，但事到如今，我已经知道错了，你发脾气也无济于事。我相信，在你指出后，我能做得更好。"

每个上司、公司，都需要一个不断成长的人。虚心请教对方，你该怎么办。只有不断成长、虚心请教，才能让你改正缺点，变成一个强势的职场人。

前面有篇文章说到，真正的管理并非行使权力，而是讲道理，真正地说服对方。靠权力管理的领导，早晚会出问题。而这就牵扯到一个进入职场之后，每个人都会遇到的问题：领导说的都是对的吗？

领导说的都是对的吗

表弟毕业后进了当地电视台做实习记者，因为和节目主任闹不和（闹不和是他的说法，在我看来，他压根儿影响不到主任的任何情绪），又让家里折腾了一番，把他弄到了当地电台做实习主播。

平时，我关心他比较少，我妈总打来电话教育我，让我和表弟好好谈谈心。我为表弟感到惋惜。当年，我陷于工作困境中几乎快要窒息了，正是因为没有任何一个人能帮助自己，所以在一夜又一夜纠结的思考阵痛之后，我才一天比一天更为坚定。而现在，表弟一接到我的电话，上来第一句话就是："你说我该怎么办？"

"你说我该怎么办？"真是证明一个人缺少情商的金句。

认真回想起来，我周围但凡能扛事儿的、能带团队的、在各自领域风生水起的朋友，似乎从来没有问出过这个问题。他们大多会说："现在的情况……我想了几种方式……我决定尝试（其中的一种）……你觉得怎样？"

"你觉得怎样？"不是将选择权交到别人手中，而是想从别人那里获取更多支撑自己的能量。如果对方肯定了你的选择，那就大胆去做。如果对方提出疑惑，那就仔细修改。他们绝对不是放弃做或一味地按照别人说的去做。

表弟说他现在做实习主播不开心。我说："一个刚参加工作的人哪有那么多开心与不开心，只能是适应和不适应。你不开心就是不适应，那么你就要调整到适应。"

他说："哦，我很不适应，因为每个主播不仅要自己做节目，还要去谈广告。"

他觉得自己最不擅长的就是拉广告。

说到这里，我终于明白了。很多单位为了效益，常常把内容与销售业绩挂钩。很多刚参加工作的人，制作的内容还没有得到认可，就要立刻接受销售的考核了。表弟觉得自己不行，不适合做电台主播，原因是自己卖不出广告。我劝他，电台主播和广告业务员是两个职业，不要因为业务员做不好而否认自己做电台主播的潜质。为了鼓励他，我甚至把自己拉下了水。我说："前几年，我也从电视节目部转行做过广告销售，结果卖得一塌糊涂。这只能证明我不是个全能型选手，只能踏踏实实做一个电视人，这反而成了一个认识自己的好机会。"

他说："唉，没用。卖不出广告，就不算是好主播。"

我问："这是谁告诉你的？"

他说："现在领导是这么认为的。"

可是，一个好的领导绝不会用同样的标准去要求不同岗位的员工。

我问表弟："你打算在这个上司手下做一辈子吗？"

他说："当然不会。"

"卖得出广告的主播才是好主播"这句话顶多只能在这个上司身上成立，但绝不是这个行业中的规矩，不要为了一个人生过客的看法而改变你对自己的评价。当你拿不准一件事是否正确时，判断的标准一定不应该是"领导这么说"，而是这个行业其他优秀的人都是怎么做的。

任何人的工作都不是为了取悦上司，而是为了自己。

表弟代表了很多职场人，他们工作时并不开心，因为工作的唯一标准不是正确与否，而是领导的吩咐。如果领导好的话，可能还能学到东西；如果领导不够优秀的话，他们就是花自己的时间一直朝不对的方向继续前行。

　　说回表弟的工作。如果一个电台的节目内容足够好，自然就会有观众。有了观众，自然就会有广告。如果节目内容不好，没有广告，要靠大家去拉广告，以致做内容的人不花时间做内容，节目内容就会越来越糟糕，需要拉广告的时间越来越多，这样的电台迟早会被淘汰。其实，现在的环境也证实了这一点。

　　如果你觉得一份工作必须干下去，那么守住它就是最正确的选择。如果你希望自己在一个行业有更多的发展，那么对于自己要做的每件事都要思考是否正确。领导之所以能成为领导，是因为他们有更多的经验与能力，能让我们的职场变得更有效率。但是，如果领导并没有这样的能力，那么你要考虑的不是否认自己，而是赶紧换一份工作。

　　要知道，进入职场，没有永久的上司。能带给你正确方向的，只有对这个职业的热爱和执着的努力。

> 有人的地方就有复杂的人际关系。从上学时开始，我们都会和关系好的人在一起，小团体和小团体之间互不干涉。但是进入职场之后，小团队之间总会有利益的冲突，所以你和谁在一起就显得很头疼。你到底要不要站队？站哪个队？

工作中要不要站队？感觉好累

之前在微博上，有个读者@我，说了些他在公司里的遭遇。有一次，公司开讨论会，原本赞同同事A方案的他，在听到同事B的发言后，觉得B君才是对的。可是，这个读者担心，如果自己转而支持B的话，会不会被人说成朝三暮四，甚至水性杨花？这个问题困扰他很久，于是来征求我的意见。

"水性杨花"这个词真的是很久没有听到过了，既可以用来表达他内心纠结的程度，又显得他这么做背叛性十足。这个读者真给力，什么词都往自己身上用。不过，虽然在用词上狠了一点儿，他的困惑却是很多人都会有的，很有代表性。

"背叛"是个必须有对象的词，背叛了信仰，背叛了某个人，背叛了……可是，在职场上，背叛基本上是没有用武之地的一个词，除非你背叛了自己的公司，背叛了自己的良心：盗窃公司机密，转手到其他企业去纳投名状。否则，你还能背叛什么呢？背叛自己的上司吗？上司是你在职场立足的根本吗？背叛了自己的想法？不对，因为当你想着别人的想法更出色时，你的想法实际上已经发生了变化。这不是背叛，是升级、进化。或者，背叛了某个跟你关系良好、互为挚友的人？但如果他是错的，身为朋友，你到底是跟着他一条路走到黑，看着他最终的惨淡结局，还是应该直接告诉他"不行，我们换个方法重新来"，让大家有个比较圆满的结局？

逆转自己的个人想法是很正常的事。生活中有无数种可能，随时都会让你对世界或某件事的看法发生改变。我更觉得，这是一个人成熟和积累的过程，而不是什么背叛。否则，人类是不是要停留在懵懂的幼儿状态，才算是坚持自我、品德优良呢？如果仅仅是觉得否定了自己之前的想法和做法会让自己难堪，其实是完全没必要的。想想那些比你名气大、比你地位高、比你有钱有势的人，他们都不怕，你怕什么呢？

当然，这只是让人纠结的最小的一个原因。更难做的是，当你支持的或者说关系良好的人和别人的观点有了碰撞，你之前告诉过他，会站在他这边，为他摇旗呐喊，做最铁杆的拥趸，山无棱，江水为竭，冬雷震震，夏雨雪，天地合，乃敢与君绝。结果你却发现，和他相对的想法、做法对工作反而更有利，出问题的概率更小。于是，你开始迷惑、彷徨、不安。硬着头皮支持朋友当然可以，这会让你们的感情在这段时间里更稳固，可是工作上出现的麻烦又该如何解决？你想转而支持别人的意见，却又不知道朋友会怎么想你，其他人怎么看你。方才信誓旦旦地表明态度，现在再变，岂不成了叛徒、汉奸？

谨记一点，当你在办公室里遇到任何问题的时候，放在第一位的不是自己，也不是朋友，更不是合作伙伴，上司在这里也要乖乖地站在队中而不是队尾。你永远要先考虑到业绩、工作，以及公司的利益。身在办公室，你要明白谁是规则的制定者，什么是最应该维护的。毫无疑问，答案只有一个：在不违背道德、法律、内心原则前提下，公司的利益是办公室的绝对No.1。

世上没有后悔药。

有时候，你的犹豫会更响亮地给你想维护的人一个耳光。

参加某个节目的嘉宾里，有人说过自己最后悔的办公室故事。他在一次会议上遇到了上述的情况，结果情感最终战胜了理智，他还是支持了原有的观点。会议结束后，他私下告诉自己的伙伴，觉得刚才那个同事说得更有道理，如果按照他的做法，不但能节省一大笔资金，而且进度上会"比按照我们的方法去做节省一星期的时间"。

伙伴的脸都绿了，直接不留情地告诉他："为什么你不早点儿告诉我？"

想象一下，如果你认同对方的方法，但因为犹豫而让事情的走向停留在原来的轨道上，一旦出现了问题，无法挽回，或者需要花费大量的精力去挽回，那个时候，你们所丢掉的，远远比在会议上认可对方花的时间要多得多。

俗话说得好："临阵磨枪，不快也光。"临阵变枪，其实也一样。达到目的的路上，如果有汽车，不妨放弃你们的自行车。

当然，莽撞地直接站出来表示自己的想法变了，未必是最好的办法。你可以选择很多悄然的改变。比如你可以在有想法的时候，悄悄地发条短信给和自己一派的伙伴，告诉他你的想法。这是一种尊重，也是一种探询，更是一种商讨的过程。他可能看到的更多，会告诉你，对方的做法哪些地方也存在着风险。或者你们会讨论出一个结果，融合两个办法找出最好的那个。或者也可以心有灵犀，提前设定一个"暗号"，比如在会议上遇到问题时，可以用某个手势或眼神告诉对方需要商议，然后一起去趟卫生间。

最重要的是，在你决定改变时，千万要给出改变的理由，不要简单地说一句"我支持××的看法"，那样会让人对你产生误会，真正影响到你们以后的交往和合作。

> 接下来这个问题，是我十几年来的心得，分享给你，希望对你有所帮助。

怎样跟老板谈加薪

怎样做才能加薪？什么时候加薪？是自己提加薪，还是领导提加薪？这是一门学问。但是我想，也许大多数人对于加薪的问题，是听来的、看来的、学来的。如果稍微站在老板的立场想一想，你就会明白加薪的规则了。

我们大多数人认为——只要我升职，就必须加薪。

对不起，这并不是完全正确的。

如果你在原有的公司升职，真正的原因无非是——公司领导觉得你有潜力，你能胜任，可以给你这个机会。但是请注意，在领导心目中，升职仅仅且只代表给你一个可以加薪的机会而已！不等于你就可以加薪了。你升职之后，不要想着为什么薪水还不增加之类的问题，你真正要做的是把以前从未接触过的工作好好规划、好好研究。你只有在新的岗位上工作了一段时间，各方面都上手了，各方面的成绩都证明你能在这个岗位上做好了，我想加薪的日子才刚刚到来。

给你升职机会的领导一定不是"昏君"，所以你也要对他们的判断有足够的信任。当他们觉得你足够有担当时，自然会给你加薪。不然，公司利用那么多的资源，给你那么多的机会，你成长起来之后，偏偏不给你加薪，从而导致你跳槽，损失严重的是公司而不是你。

即使公司迟迟不给你加薪，这时你也有足够的理由去要求。要求很简单，告诉领导"我们公司是一个正规的公司，我们是因岗设薪，而不是因人设薪。我到了这个岗位工作，就应该获取这个岗位相应的工资，不能因为我是公司提拔的，工资就可以降低"。

如果你的工作完成得很好，公司却迟迟不给你加薪，那也不是你的问题，是公司的问题。在这个市场上，一个有能力的人在哪儿都能养活自己。该加薪却不加，这是对一个人的不尊重，这样的公司你也不必过多留恋。

只是你要掂量清楚，自己是否真的到了能加薪的水平。

两位朋友要求加薪，其中一位跟老板说："我要买房子、车子,还要养老婆、孩子,压力大,所以加薪吧。"这时候,老板就困惑了,你说的这些跟我有什么关系啊?其实,太多个人理由说上去,一定会失败的。

再来看看另一个朋友是怎么提的。他首先搞清楚,加薪的理由有两方面:一个是他对公司的贡献度;另一个就是个人能力的提升。所以,第一点,他先表明了自己过去一年对公司的贡献:去年一年做了公司的整体结构报告,整理了整个公司业务线的所有职能单位和权责。第二点,表明了自己的能力提升:拥有整个绩效管理的体系架构的经验,对公司所有的体系架构下的绩效考核和目标等都非常了解。

当然,即使你再牛,也不能漫天要价,而是在心里要有一个对自己的预期。比如说,专员在市场上的工资就是五千元或者一万元,你非让领导给你涨到两万六千元,那就非常离谱了。

最终,第二位朋友的老板痛快地给他加了薪。

> 理想中的工作与现实里的差距太大，我是要继续为自己的想象埋单，还是趁早清醒了赶紧离开？

现状与期望差太远，我要继续坚持，还是离开

"我曾以为的都是假的，一切真的都不是我以为的。"虽然这只是简单的一句话，但却代表了千千万万人的心声。我们从小被教育要成为怎样的人，我们从小就对某一行充满了想象，加了阳光，添了色彩，五彩斑斓。又觉得缺乏生机，自顾自加了绿草蝴蝶、清风白云。终于熬到大学毕业，终于到了我们一直想进的那一行，却发现原来一切都不如自己的想象。多年夙愿能支撑我在这个行业中熬三个月，但是以后呢？

正如我很喜欢看国外参议员的选举，也很喜欢看关于选举的日剧，觉得热血，觉得沸腾，觉得人生当如此，凭着感觉去感染所有人，那才是人生的价值。

后来，我才知道，原来外国选议员有很严格的规定：参议员系银色领带演讲，民众会认为该参议员容易遗忘故乡；他系黄色领带演讲，容易让民众认为他对即将争取的岗位不在乎；他的领带不能太宽，不然显得迂腐，又不能太细，否则显得轻佻；皮鞋不能太亮，容易让年轻人觉得距离太远；必须要有一些刮痕，但刮痕太多又会让支持参议员的银行家们觉得大家是两类人。所以，皮鞋要有刮痕，又不能太多，至于哪里需要一道刮痕，则需要付 7300 美元给专门的咨询机构来完成这个命题……

当初，我以为演讲台上的那些"热血"，那些打扮，那些挥手呈上扬 75 度的动作是那么激动人心，原来，都是经过设计的。

正如你被无数欧美真人秀节目感动，大骂为什么国内的节目那么不真实、不诚恳、不热血，你是多想奉献自己的理想啊。然而，我们过去"一取经"才发现，那些让你感动到眼泪和鼻涕横流的节目，有 1000 个步骤，标准动作规定在第 67 步打你的泪腺，第 98 步打你的笑点，第 134 步让你愤怒……于是，你哭了、笑了、愤怒了，你以为这些都是你情绪的自然表达，殊不知你被节目操控得牢牢的。

究竟是离开，还是继续？对你而言，是个难题。

我曾遇见过一个大四的学生，他对我说："我刚在一个电视制作公司实习。老师很凶，不尊重人，没有人理会我们这些实习生。即使要理会，也是把我们当奴隶使唤来使唤去，跟我想象中的传媒业完全不一样。"

我问他："你以为的传媒业是什么样的呢？"

他说："很宽敞的办公室，领导和员工之间其乐融融。大家都很有创意，互相帮助完成对方的策划案。一起看播出的节目，一起庆功，一起将纸面上的策划案执行成节目，拿到全国收视率第一的成绩。"

"所以，这次的实习是不是摧毁了你对于电视的梦想？"

他点了点头，我以为他接着要说："我觉得这个行业和我想象中差距太大，我决定要改行。"可是他却说："原来，现实的传媒业离我想象的还差那么多，所以更坚定了我要从事这一行的信念。"

我有点儿好奇，这是什么道理。

他接着说："我并不觉得我的期望很难实现，只要我认真、努力工作，成为一个节目的制作人，成为一个电视台的台长之后，我就能让大家在我认为的环境下进行工作了。"

现在，他进入了全国收视率第一的节目组，并成为三个小组的组长之一。说起理想，他依然两眼放光，仿佛时光与挫折从未在他身上留下过痕迹。每次看到他,我都能想象他成为制片人的样子,该是一幅多么和谐的画面啊。

　　有些人是因为环境好才干一份工作。还有些人,认为自己有能力让环境变得更好才干一份工作。这就是工作与职业的区别。

> 接下来用两篇文章说一下工作与职业的区别，打工与创造事业的区别。

事情根本就是做不完的，为什么我们要为工作那么辛苦

最近，我有一个感受越来越明显。我很好奇为什么自己二十多岁的时候，永远都在期待周末和节假日的到来。那个时候，把工作和生活区分得很清楚：工作不就是为了生活吗？慢慢地，当我在自己的行业工作十年之后，我已经开始清楚哪些事是自己能力能做到的，哪些事情是能力做不到的。也正是因为这样，我的工作重心从"老板交代的事"变成了"自己能做到的事"。当意识到这一点之后，我突然发现，自己的时间已经开始不够用了。

说"事情是做不完的"这句话的人，大概的意思是：世界

上有很多事，做完这一件，还有下一件，你这么做下去没有任何意义。但其实，绝大多数人没有把属于自己的那件事做完，他们永远在推进、在改善，却从来没有把一件事真正做完过。

X 是我的一位老师，在电视行业做了二十多年。他文笔不错，流程把控严格，阅片量高，也懂得如何管理团队，所以早些年很多公司挖他转行做电影。如果及时转行，三四年就应该能做出自己的作品。

他拒绝了，他觉得自己应该一直做电视。

我问他为什么。他说："我知道自己的能力在哪里，也知道现在市场缺什么类型的电视节目。只要我扎扎实实努力朝这个方向走，一定会把这件事情做出来。"

"做一档真正有影响力的节目"是他职业规划乃至人生当中一件重要的事情。

这几年，他一直扎根于此，钻研脱口秀，和编剧聊台词，去小剧场算观众爆笑的频次，然后做出了一个点击量破十亿的脱口秀节目。他是出品人之一。

我问他接下来还有什么打算。他说："融资，做更多不一样的语言类节目，能上市是最好的。当然，这是第二步，可能还要走很多年。"

每个人的人生根本做不完很多事，能完成一两件就非常了不起了。

当意识到这个问题的时候，你自然而然就会去反复思考、纠正和调整自己的目标。怎样与团队沟通得更顺畅，自己能力还有哪些不足需要刻意练习并提高。工作与生活当然需要劳逸结合，但是，你再也不会说出"人生的事情是做不完的"这种话。说这种话的人，从来就没有完成过人生任何一件事。

Yamaha 是我的好朋友，在上海读完大学后留在那儿工作。

他每周末的朋友圈"晒"的都是他"潇洒过周末"的内容。只要听说我在加班或工作，他就会说："天哪，你真是个劳模，难道一点儿都不辛苦吗？"我说："我真的一点儿都不辛苦，因为我做的这些事都不是被逼的，我知道这些东西需要我去弥补和完成。只要我停下来，这件事就不可能会有人来帮我了。"

他耸耸肩。

最近，他在职场上有了一些困惑，问我原因。现在的工作让他超级没有安全感，感觉他身处的电商行业随时在发生变化，随时在淘汰大量公司，他不知道自己何时会被淘汰。

我说："这个行业会淘汰很多东西，但一定不会淘汰那些能生产出好内容的公司，你所有的担忧都来自你控制不了好的内容。举个例子，你做影视行业，你不读剧本，不和编剧开会，不认识导演，不看片，不和团队讨论细节，你从来没有在办公室认认真真地看过十个小时的剧本。你所有的时间都花在了让团队开心、让老板开心、让自己舒服上。感觉你做了很多很多事，但其实你一件事都没有做完。"

他不服气，觉得自己做了很多事。

今天，朋友 Will 给我分享了一篇文章，标题是《我观察了 14 年才发现，那些很努力却没有成就的人都有一个特点》。文中说，这些人最大的问题是他们一般都有很多方向，对很多事情感兴趣，做过很多事。而那些在各个领域有所成就的人除了努力，还有一条：他们都有一个专业和方向。

当你明确地知道自己想干什么，那就是你需要花时间的方向和目标。

如果你不知道自己想干什么，那就考虑将你手头的工作做到极致。

文章里举了一个例子，是"两会"上火箭军的某参会代表，她高二参加高考进入北京大学，是当年黑龙江省理科状元。她说："我这个人没有多么远大的目标、多么长远的打算，我的特点在于一步一个脚印。只要有机会，就一定能抓住。不管干什么，有踏实和坚持，铁定能干好。"

我对 Yamaha 说:"你总做一些面儿上的事,从来不从根上去研究和解决问题。"

他说:"一个人怎么会知道什么是根上的问题。"

我说:"就你这样,工作时间只是为老板工作,下班时间只是为了自己生活的人,是绝对不会花时间去思考这些的。因为你怕吃亏,你怕多做一件事都对不起你自己。"

无论是我,还是我的这个朋友,我们选择到大城市工作,就是一个原因:大城市的机会多,相对公平,只要自己努力奋斗的话,就一定能闯出一片天地。来之前都是信誓旦旦,奔赴"前线"。工作个两三年之后,就开始骂那些天天"非老板逼迫自愿加班"的、喜欢工作的、不喜欢把时间花在交际上的人全是傻子,认为他们没有生活,认为他们一个一个准得猝死,认为他们即使这样也挣不到几个钱。

人家并不是不休息,人家只是不休闲。

你忘记了你曾经想要成为的样子,但是有人没有忘记。

你费了九牛二虎之力练就一身本事来征服炼狱,到头来却企图把这里的日子过成天堂。

既然决定干下去，所有的付出就都不白费

刚参加工作那几年，最讨厌老板在周一晨会的时候说："你们哪个周末在公司加过班？我们几个人累死累活的，你们倒是很悠闲。"每当他这么说的时候，我们几个年轻人心里就想：公司又不是我们的，加班又没加班工资。你们不喜欢生活，我们喜欢生活啊！

那时候，我们所说的生活大概是指：睡到自然醒，随便从冰箱里取点儿东西吃，坐着发呆；上上网，玩玩手机，翻几页书，重新看一部没看完的电影，之后再换一集《康熙来了》；到了晚上，要不约个朋友吃饭，要不再随便对付点儿，重复一段下午的生活，然后睡觉。这种生活不需要技巧，甚至不需要挪

动，睁眼闭眼就是一天。

一晃过去好多年，上个周末，我在加班修改剧本，为新项目做准备。越写越糟心，人物小传、人物情感线、主线、场景、人物矛盾点、每集的情感走向，需要一一梳理。那时，我心里着急得要命，不停地告诉自己时间不够用，一天24小时都不够用了。苦恼以前没有想到的问题，现在怎么全部出来了。突然想到部门刚工作的小同事今天休息，于是带着情绪给他发了条很长的微信，大概的意思是：今天虽然放假，但我们还是有很多事没做完；如果你没有别的计划，且如果你未来要从事这一行，这些问题最好能及时完成；你今天不做完，未来还是要做完。发完之后，突然一阵恍惚，我什么时候变成了曾经压迫过我的老板的模样？

冷静下来，我终于明白了十几年前老板说的意思，表面意思是：你为什么不加班？其实内心想要表达的，和我现在的感受很像，那就是：如果你现在不解决眼前的问题，你在这一行进步得就会很慢，未来也不会有什么发展。当然，前提是工作之余，你没有更棒的计划，比如郊游，比如练习乐器，比如摄影，比如运动或写作。如果你没有更好的计划，像我当初那样一天天无所事事，现在的我会认为，你真的应该去工作。不是为了给公司打工，而是为了让自己的职业生涯尽早遇见并解决更多的问题。

刚工作的时候，总觉得自己的利益别人不能侵犯，总觉得自己加会儿班就是愚蠢的表现。现在回想起来，才明白那时的狭隘。有时，放弃是因为苦，因为看不到未来，但更多时候，放弃是因为从未被人肯定。没人肯定自己，才会觉得苦，才会觉得没有未来。但是，只要自己信自己多一点儿，就一定会熬到被人看到和肯定的那一天。既然决定要在一个行业继续干下去，所有付出的时间就都不会白费。年轻时遇见问题，还有领导能带着你一起解决，找到方法。等有一天，当你自己带团队的时候，新同事都指望着你能给他们解决的方法。

当然，并不排除有些公司让员工加班，就是想压榨员工。但是如果一份工作真的能给自己带来很多阅历和收获，现在比别人多付出一点儿，可能十几年后，就会比别人更轻松一点儿吧。

反正，36 岁的我是这么想的。

以上一些问题，是我在工作中花了很多时间去克服的，或者说现在依然在克服和改变的。当你真的迈出第一步之后，解决同样问题的能力就会越来越强。当问题再出现的时候，你不会感到害怕，你只会觉得"好吧，那就再来一次，看看这一次是不是能比上一次解决得更漂亮"！

基本上，经过了职业规划期和职场炼狱期，如果你能解决相关问题，这时的你应该算是一个很有"职业感"的人了。工作对你而言，不再是负担。此刻，真正的负担是你自己——你对未来的规划，对自己的突破，对周围世界的认知。狭隘的内心让你无法走得更远。

这时，反思自己是最有趣的挑战。你会发现，那些长辈曾经告诉我们的道理，此刻居然那么正确。这些年，我们走得太急，反而遗失了初心。不如好好坐下来，想一想现在人生最焦虑的事情是什么，为什么而焦虑，究竟是自己出了问题，还是大环境出了问题，这种焦虑是正常的，还是自找的？

Part 4

自我突破职业上升期

2年

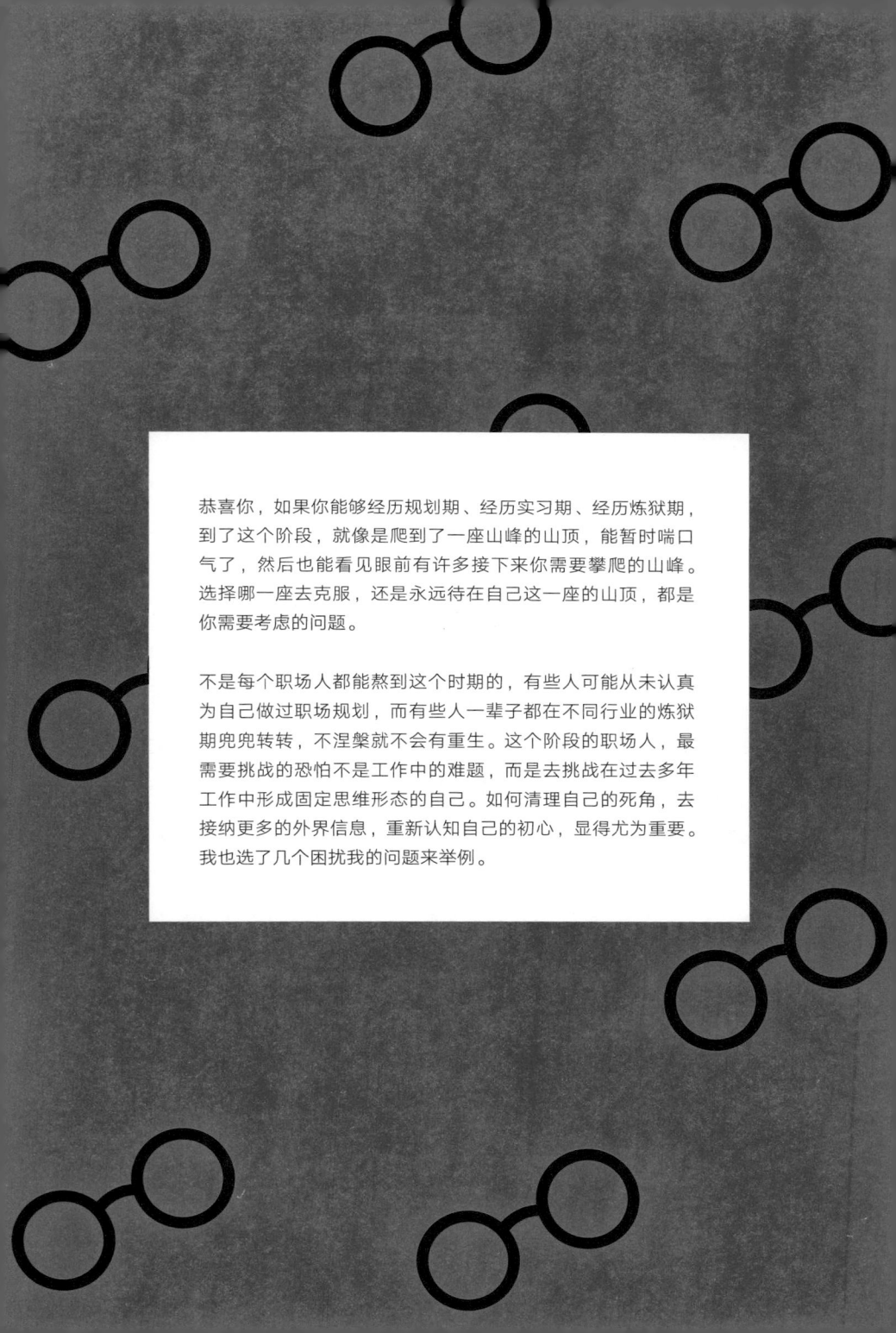

恭喜你，如果你能够经历规划期、经历实习期、经历炼狱期，到了这个阶段，就像是爬到了一座山峰的山顶，能暂时喘口气了，然后也能看见眼前有许多接下来你需要攀爬的山峰。选择哪一座去克服，还是永远待在自己这一座的山顶，都是你需要考虑的问题。

不是每个职场人都能熬到这个时期的，有些人可能从未认真为自己做过职场规划，而有些人一辈子都在不同行业的炼狱期兜兜转转，不涅槃就不会有重生。这个阶段的职场人，最需要挑战的恐怕不是工作中的难题，而是去挑战在过去多年工作中形成固定思维形态的自己。如何清理自己的死角，去接纳更多的外界信息，重新认知自己的初心，显得尤为重要。我也选了几个困扰我的问题来举例。

> 因为自媒体的发达,我曾有一段时间拥有将近十个自媒体账号,每个平台都需要去经营、去更新。为了能被人看到,我曾花了很多时间去打理,最后才意识到"焦虑"带来的灾难。

做自己感兴趣的事,还是追逐当下的"好机会"

自从微博开通问答功能之后,我每天都能收到各种各样的问题。又因为工作太忙,很难在微博上一一作答,所以就想借着这篇文章来回答很多人问到的一个问题:

又是一年毕业季,我们刚毕业一定会走弯路。你工作了也会走弯路,能不能分享给我们一个你最近重新感悟到的原则——大概就是"原来真的是这么回事"那种?

这个问题很有趣,让我想了许久。这些年,我确实常常会迸发出一个念头:"这个道理我早就明白了,以前也坚持过,为什么现在又忽略了呢？"曾因为坚持某个原则而做出了一些成绩，却又因为"乱花渐欲迷人眼"而浪费了时间，丧失了专注，把自己折腾够呛之后才醒悟过来。

比如"做你真正感兴趣的，而不是为了抢机会"这个原则。

就拿公众号来说。一夜之间，周围的公司、朋友纷纷开始建立起自己的公众号。一到公众号阅读高峰期（早、中、晚），朋友圈就甩出各种文章斗法。我的公众号就是在这样的压迫之中建立的。周围的人对我说："你应该开一个公众号，现在正是好时机，写写你想写的，肯定效果不错。"

我开了，效果确实不错。很多文章发出去，（阅读量）24小时内就能破10万……但是，我真的很热爱每天推送内容这件事情吗？

因为这个公众号，我每天被困扰的时间无缘无故多了好几个小时。比如文章写得不错，但是阅读量很低，我觉得一定是标题起得不好；如果标题起得不错，但是阅读量还是很低，我觉得一定是排版让人没有转发朋友圈的欲望；如果效果依然不好，我就会觉得一定是内容出了问题，是不是应该多增加一些不一样的版块和内容……

因为一开始建立公众号就是想要"证明自己"，而不是"随心所欲"，公众号不知道从什么时候开始成为我的一个巨大负担。

　　有时候写文章只要一个小时,但是起标题要两个小时,反问的、疑问的、排比的、耸人听闻的、挑战底线的、标题与内容完全无关的……朋友给我发了很多"公众号如何起标题"的攻略,那真是一门学问,我觉得自己必须花很多时间才能摸出一点儿门道吧。更何况,我妈常给我分享一些公众号的内容,那些标题真是让我自惭形秽。

　　难道只有我自己有这样的疑惑?我问了其他开公众号的朋友,也在观察很多每日更新的公众号,除了几个完完全全靠此创业的大号,很多公众号每日更新的内容标题一个比一个猛,内容一个比一个疲软,类似的标题翻来覆去地写。今天告诉你男人长不大要等,下星期告诉你男人长不大就让他去死……

　　看我如此焦虑,好朋友问:"你真的很想写公众号吗?"

　　我说:"不。只是觉得不写,好像就要被淘汰了。"

　　她问:"你有正经的工作,你有你热爱的写作,你有微博,你还想开个效果不错的公众号,即使你被公众号淘汰又能怎样呢?"

　　我和她的对话实在是太幼稚了,因为这个道理我大学就明白了,只是不知道为何,我工作十几年之后居然把它给忘记了——对哦,即使我被公众号淘汰又怎样呢?我不用再花时间想标题，不用为了写文章而挑战自己尚未想清楚的主题，不必逼自己对热门事件发表观点……于是，我在公众号推送了一段文字，大致的意思就是："公众号我开始写流水账日记了，像当年的博客那样，没有好标题，没有好格式，不工整，也没啥价值观……"发出去之后，一个小时内公众号取关了两百多位网友。

我反而轻松了。

在写公众号的那段时日里，它确实强迫我写了很多东西。这些东西都是我想写的，只是它们都因此成了早产儿。有时候看着它们，我觉得总有遗憾，而这些遗憾和它们无关，和我对公众号的理解有关。

一个人的精力是有限的，最好放在你擅长且感兴趣的事情上。

听说我决定不再刻意去经营公众号，有人觉得很遗憾，跟我说："我们可以合作啊，我们派人来帮你吧。"

我拒绝了。

不是所有表面上看起来不错的事情都是好的，不是所有看起来有成效的事情都是适合你的。有些事情虽然有结果，但是让你不舒服，那不如把这些精力调整到别的事情上。

多做一些你感兴趣的事情吧，少做一些为了抢机会去做的事情。老被干扰，你会忘了自己最想做的是什么。

很多人说，一个人的人生不能全在工作。乍一听，是对的，所以我们除了工作还要有更多精彩的生活，一点儿都没错。但是仔细想想，这种说法其实是把工作与生活完全对立了起来。工作应该是生活的一部分，让生活变得更精彩的一部分，只有相互帮衬，工作能更好，人生也势必会更轻松才对。

工作已经这么忙了，每天还能有多少时间留给自己

最近有一个很大的觉醒，我突然发现，人生如果要变得更好的话，就必须解决自己人生中多的难题（这真像句废话）；而要解决更多的人生难题，最重要的是要有更多一整段的时间来思考。

重点不是一整段时间，而是一整段可以用来思考的时间。

这个区别就在于，时间我是大把大把地有，但是能让自己整个儿投入进去，不被别的事务打断，并且得出某种结论的时间，就需要很用力去寻找了。

我印象当中，有一些时间是能用来想很多东西的，并且都

得到了很好的答案。比如多年前坐地铁转公交车上下班的日子，每天路上要花近五个小时。这几个小时，戴上耳机，进入地下通道，就成了汹涌人潮中的一分子。久了，你就发现无论是走动、站立、坐下、换站，都好像不费任何力气，真正花力气的反而是脑子里浮现出来的那些问题：

这个月存了 5000 块钱，什么时候才能存出房子的首付呢？

感觉现在领导有点儿不喜欢我，是我能力不够，还是做人有问题啊？

朋友说下个假期要一起出国，我到底有没有足够多的钱和兴趣参加？

有个嘉宾拒绝参加我的节目，我该用什么方法搞定他呢？

……

每当这个时候，我就很同情自己。

外表看起来那么阳光的一个小伙子，怎么心里全是这些令人难过的事情啊。所以，我看见那些外表很有朝气的人，总是会存有同情心，觉得他们肯定和我一样。看见那些脸上很沮丧的人，就更为他们难过了。一个人要难过到什么地步，心里的色彩才会连主人都没发觉就全氤到脸上来了？

老家的朋友听说我每天有五个小时花在路上，很诧异，觉得生命怎么能这么浪费。我说我一点儿都没浪费，因为这几个小时的时间，我全用来思考和整理人生了。我越是认真解释，朋友越是觉得好笑，我也觉得自己很好笑。可能只有我这样愚笨的人，才需要这样的方法来让人生变得更好一点儿吧。

除了坐地铁的时间，我每天晚上还会花上一两个小时写日记。

写日记也没什么主题，想到什么写什么。久了就发现，那些让自己郁闷的事情，每次在写日记的时候，总是会得到一个出口。这个出口可能是答案，可能是方向，可能是让自己心情变得更好一点儿的理由。噢，原来令人快乐的东西是藏在文字里的，你不停地用文字挖啊挖啊，总会挖到一点儿对自己有价值的东西。然后保存起来，随时都用得上。

后来有车了，花在路上的时间大大节省了。那时，我还有一点儿失落，虽然出行方便了许多，但损失的有意义的东西却不是一星半点。好在，很快地，开车时间也被我利用起来了，加上北京附赠的堵车时间，很多问题还是可以利用这个时间来思考的。

总之，慢慢地，属于我自己的人生小规则出现了——每天花越多的时间思考问题，之后就会花越少的时间去修补问题，而做好一件事的效率也会高出很多倍。

明白了这个道理之后，除了正常的上班、交流，一个人待着的时候，我都努力让自己能随时进入"思考琐碎"的状态。但是，这个真的是太难了，比如村上春树说他跑步的时候都会思考些什么，于是我也学习着跑步，学习像他一样去思考。

十次跑步中，只有半次我的状态是不错的——就是可以忽略到跑步带来的负担，剩下的九次半，我脑子里全部都是：

"好慢啊，我什么时候能跑完？"

"今天不跑五公里了，跑三公里算了吧。"

"前面那个人跑得好快哦，我根本就跑不过啊。算了，我根本就不适合跑步。"

跑步对我来说太难了，我拼尽全力，才能勉强将跑步这件事情做好，根本无法再分心去思考别的事情。后来，我就慢慢地放弃了跑步，我觉得这事太不适合我了。

在一部电视剧开拍之前的两天，我居然学会了游泳，而且我觉得游泳要比跑步更让我的身体觉得轻松一些。

然后，我就在剧组附近办了一张游泳卡，无论多晚，每天我必须游一个小时。

开始很多次游泳的时候，脑子里想的都是："糟了，隔壁泳道那个人游得太好了，我跟他比就是一个傻子。算了，先等他走吧。"

或者是："旁边那个人是在和我比赛吗？怎么我一开始，他也开始。不行，我不能输。"要么是："啊，要游 40 个来回，真的好远啊。"（教练告诉我，25 米长的池子每次起码要游 40 个来回，1000 米为好。）

"怎么呼吸又不对了，我换一个姿势会不会更好？"

如果所有的想法能变成大泡沫字的话，我只需要游 25 米，整个游泳池就会被我奇奇怪怪的想法堆满……

突然有一天，游着游着，我就开始想关于电视剧的一些问题。想着想着，终于想出结果了。我超兴奋，然后猛地一看时间，我已经不知不觉游了 10 个来回了……天哪！我居然成功地把游泳时间转化成思考时间了。

写这篇文章的目的就是分享这个经验：如果我们每个人都能找到更多的时间，用来向自己提问，向自己解答，自己与自己探索，整个人就不会显得那么浑浑噩噩，凡事心里都会有点儿数，人也会看起来更自信一点儿。

起码对于现在的我来说，每天开车去剧组的两个小时，游泳的一个小时，睡前躺在床上入梦的半个小时，都是能用来自己照顾自己的时间。

毕竟，我们在对别人负责之前，首先要学会的是对自己负责。

学会自我思考是一件极其重要的事,别人说的都是对的吗?
有些知识付费专栏,被人讽刺得一文不值。当我真正去听了之后,觉得受益匪浅。有些书,被人贬得一塌糊涂,但我自己去读了,觉得相见恨晚。每当这个时候,我就很懊恼——为什么我之前会听别人的看法呢?其实,多听别人的意见没错,但"别人"是谁很重要。我想了想,那些意见都来自于网络,来自于某些我并不觉得很有鉴赏力的人,反而我身边那些工作出色、人生"正向"的人只会积极推荐他们认为好的东西,很少去讽刺什么不好。可能这就是人的构成吧。比如说,那些市面上的励志书到底有用吗?

别人的励志故事对我有什么用

刚参加工作那会,我的书柜里有好多励志书:《四十岁前要退休》《如何让老板喜欢你》《怎样管理团队》《高效人士的 N 个习惯》《不要为人民币打工》……每一个书名都是我人生的座右铭,随便做到一本书上讲的就发达了,就像迷失在山谷里捡到一本《葵花宝典》一样,每天翻翻。等到我带领的团队收视率陷入低谷之后重拿收视冠军时,把节目从地面台做上卫星频道时,HR 告诉我,我的团队是公司人员流动率最低的时,我突然有种任督二脉被打通的感觉。我突然就能看懂那些书写的是什么了。在此之前,我觉得他们说得都很对,可我就是不会。等到自己摸索会了,我就明白他们写的是什么了,总之有一种

"欲练神功，必先自宫，如不自宫，也能成功"的悲壮感。

励志书到底能不能信呢？

当然能。

但是，我个人认为，励志书能帮稍微有点儿成功的人士微调处事方式，从而变得更好。它并不能帮助人平地起高楼，建立一套处事方式。 在每个人找到自我之前，所有的励志书都是教科书。在每个人找到自己那套坐北朝南的好户型之后，励志书就成为一名优秀的装修工了，但千万别指望一套好装修能够把一处茅屋弄成台北 101 大楼。如果你做梦仍在这么想，那么那些励志书就成功了。或许它们最大的意义就是告诉你如何做梦，然后活得尽可能开心——起码它对我是这么干的。

我反对那些励志出版物总是告诉大家肯德基爷爷 80 岁的创业故事，比尔·盖茨退学创业的故事，马云求职失败几十次的故事，邓文迪孤身闯龙潭虎穴成为母老虎的故事。

一个人成功有很多因素，但为了博取噱头而放大其中某一个，就会让人失去判断力。比尔·盖茨获得第一桶金不是因为他大学退学，而是因为他妈妈是 IBM 的董事，给了他第一单。所以，学习人家退学不一定能成功。

马云创业成功不仅仅是因为他求职几十次失败而依然坚持，还因为他有一群可以跟着他拿几百元钱的低工资一起创业的队友。所以，学习失败了十几次还死要坚持，不一定能成功。

励志书常常把因果关系弄混，搞得一大批人在求职舞台上宣誓："虽然我没有文凭，但是我相信我能成功，因为××就没有文凭。"拜托，人家没有文凭，人家有资金好吗？

有人说："虽然我年纪大了，但是我相信我能成功，因为××年纪更大都成功了。"拜托，人家之所以能够成功，可能是因为人家在美国，政策有所不同，也可能人家之前是国际大公司的退休老板。可能有很多可能。

有人说："有人扫厕所能够成功，为什么我就不行？"拜托，人家不是因为扫厕所才成功的，有可能是因为她在五星级酒店的客人层次较高，她遇见了一个愿意帮助她的客户。

有人说："我长得比她还要好看，她能够成为一个优秀的主持人，为什么我不可以？我相信我一定行的。"拜托，人家成为优秀的主持人，首先是因为她的普通话比你好，又看过很多书，只是刚好长得好看一点儿而已。我相信即使她长得不够好看，她也能成为优秀的主持人。

以上这些对话，你好好回忆一下，自己有没有说过。或者说，你周围的同学、朋友有没有说过。

每个人都有优点和缺点。

我们经常犯的错误就是拿自己的优点去比人家的缺点。中国的传统美德可能对此造成了一些影响。

小明成绩好，没事儿，你长得比他高。嗯，心情变好了。

小红业绩第一，没事儿，你从来不迟到。嗯，心情变好了。

大家都很喜欢小兰，没事儿，我喜欢你。嗯，心情变好了。

人就是在这种特别无聊的自我麻痹中渐渐产生了"我就是女王""我就是世界第一谁比我好"之类的幻想。以至于每次看到那种自我感觉特别良好的人时，我就特别恨对方身边的那些亲朋好友。他们究竟是怎样放任与无视，才造成今天的"惨绝人寰"，我不得而知。总之，从某一天开始，我就扮演了"口臭王"的角色，什么词难听就拣什么词说，受得了我的人听进去了，受不了我的人离开了。反正我对自己也是这么干的，以至于我每天都在忙着改正自己的缺点，完全忽视了那些讨厌我的人的态度。

名人励志故事到底对我们有用吗？

我个人觉得对我最有帮助的地方就是，我在看他们的故事时，我会看自己喜欢的这个人在面对某一件具体事情、具体危机的时候，他是选择怎么做的。如果是我，我又会怎么做。我很少看一个人人生的起因和结果，我更在意的是一个人在处理问题时的思考方式。毕竟，思考方式才是能让一个人变得比以往更不一样的方法吧。

工作这些年,"沟通"似乎成了一个极其重要的词。所有合得来的伙伴都是能沟通的,所有自己干得来的事,也都是自己能表达出来的。在工作中,最怕沟通失效。那到底是别人的表述有问题,还是我的理解有问题?到底是我表述不到点上,还是别人理解有问题?能读出每个人语言背后真正的意图,就是最有效的沟通能力。

面对沟通失效,我该如何应对

有一次,我在某节目的录制现场问一名选手:"你到底了解不了解这个节目,有没有做好充足的准备,相信自己能够在这个舞台上出彩?"

他有些烦躁地回答:"那你们为什么要让我来?!"

我只能笑,苦笑。

很多问题就出自这种沟通失效上面。我想问的其实是他对于节目的理解,他觉得到这儿来,应该做些什么,有什么样的目的。而他理解为一种苛责。

这是职场上会出现的一种常见的问题。在沟通失效的时候,你会选择怎么做?是反问、倾听,搞清楚别人问什么再回答,还是脱口而出自己理解后的不满?

在提问和面对提问时,一定要很清楚对方的目的是什么。老板问你一个问题,你要想他为什么要问这个问题?目的是什么?结果是什么?思考你如何解决各种各样的问题。

在工作中,也许面对你的不理解,有些时候对方不会解释,但是他一定会通过闲谈或者是某些举动,传递给身边的人。

老板说:"你很努力。"

可信吗?未必。老板也许会跟别人说你工作很努力,就是有时候对工作的领悟有问题。这才是他要表示的全部。

老板说:"合同你拿回去再看看。"

你却一头雾水。可能喝咖啡坚持一夜不睡地看合同,最后还是摸不到头脑的丈二和尚。但是,同事可能会告诉你,老板就是这样,合同习惯性地要留下一些无关紧要的小瑕疵,供对方挑剔和谈判,掩饰住更大的、更重要的条款争议,你也许会豁然开朗。善于借用身边人来了解对方的意图,而不是开口抱怨和指责,是一个稳妥而富有智慧的解决方法。

如果你没有完全明白 HR 的真正意思,不要以为自己理解了,用自己的话组织一下,再问一次。听不懂就是听不懂,不要乱回答。

你看访谈类的节目会发现,很多优秀的主持人都懂得反问。

这个反问可能技巧性很强,是巧妙地对访谈人提出问题的总结,也可以是简单地复述:"你是说……对吗?"

在这个时间内,你完全可以再组织一次自己的思维,对方也会给你进行更详细的描述和解释。这没什么丢人的,起码比你直接反应过激,在稀里糊涂的情况下,说得驴唇不对马嘴要好得多。

上面说的是软性的问题,还有一些硬性的方面,相对来说比较容易理解。比如说,一些口头禅式的词,像"死去""不会吧",或者一些强硬而死板的回答,比如"怎么可能,我认为这不可以""你要的这些我没有,我做不到"!

比较麻烦一些的"硬性场面",是那种不能确定交谈中自己位置的回答和交流。我见过不少人犯这方面的错误。一场面试,原本还算圆满,彼此了解情况后,求职人员对 HR 说:"那行,我再考虑考虑!"

秒杀,绝对的秒杀。

"我再如何如何"是一个赤裸裸的甲方词。在这个交流语境里,求职者处于"求"的地位,你想要的是得到一份工作,是一次别人给予的机会。你站在主体地位,强势地说要再考虑考虑,这会顿时拉低你的分数,抹杀之前你费尽心机给人留下的良好印象。

用词造句一定要看场合、看语境，摆正自己的位置，不要错用换位词语，不然肯定会造成无谓的损失。

除了语言，交流的动作、姿态、神情也不可轻视。在光线招聘的过程中，我曾格外看好一个求职的女学生。她个人简历丰富，积累了不少求职岗位的工作经验，说话、语气及性格等方面都比较适合公司的要求。可是，面试之后她却被 HR 放弃了。很简单，在回答问题时，她的眼神没有放在 HR 身上，总是飘忽不定。HR 说："一个在对话时不和你对视的人，很容易让你觉得她是在自言自语，根本没有尊重你的意思。将来面对同事和客户，这几乎是一个天大的问题。"

"尊重"这个词，看上去有些正式，可它是必需的，也是每个人都渴望得到的，请永远把它记在心里。一个懂得尊重的人，无论是尊重机会、尊重自己的职业，还是尊重他人，都不会做得出格。

> 有人说,不是每个人都能打鸡血变得正能量的,偶尔丧一丧也挺好的。没错,这个我绝对支持,但是一个人不能一直丧,更不能不知道自己很丧。很丧且不自知的人,总是过得很辛苦。

什么样的人享受不了过程,也得不到一个好结果

出版社举办征文大赛,收到很多稿件。有已经工作的文字爱好者,有正在读大学的文艺青年,也有还在读高中的热情文科生。编辑说很多作者特别认真,文章可能一般,但看得出来很尽力。

当然,编辑也转了几封邮件问我:"是不是很多年轻人都这样?"

我看了,这几封邮件的正文大概意思一致:"编辑老师你好!我很热爱写作,也很珍惜这个机会,这几篇文章是我的投稿,希望你能认真对待。如果这一次失败的话,可能我就会放弃写作了。希望能够有好的消息。"像是苦情牌,也像是真

心话。

编辑很担心，害怕自己的判断会断送一个年轻人的文学之路，所以问我的意见。

我想起自己曾经和年轻同事的一次聊天。

年轻同事工作两年，工资不算太高，有一天跟我说："一个月工资只有那么多，还得让我干这个干那个。我当然不会干，我只做对得起这份工资的事。"我很赞同他的观点。确实，每个人工作都是为了养活自己，让自己的生活变得更好。你因为一份工资而工作，那你一切的工作内容当然只需要围绕着工资。然后，他也问我："好像公司给你的工资也不是很高，为啥感觉你每天在忙好多事，你不觉得自己挺吃亏的吗？"

他的疑惑没有错，我确实也觉得自己挺吃亏的。和别人拿一样的钱，做的事却比别人要多好多，凭什么？好多年前，我也说过一样的话。当时，带我的老师特别洒脱，直接对我说："如果觉得工资特别低，不划算，那就别干这份工作，去找工资更高的工作。快递员一个月也能拿到一万块钱，你干不干？"

我摇摇头："不干。"

老师瞟了我一眼，问："你为啥不干？瞧不起快递员？"

我说："我学了中文，进入传媒行业，希望在传媒领域做出一点儿成绩。"

老师说："如果你只是为了拿到每个月的工资，只是为了这份钱而工作，那你就认认真真地拿这份钱，不要抱怨，也不要聊这个话题。但是，如果你不是为了这份工资，而是为了自己的事业工作，那么工资再低，只要还能养活你，就不应该抱怨，你要看看自己的工作到底有没有进步。为了工资工作，永远都只能拿这个工资。为了事业工作，未来才有可能拿更高的工资。"

这些话我花了很久去消化，尤其是当所有人觉得我的领导对我不好，公司对我不公平的时候。当老师说完这些话之后，我换了一个角度思考同样的问题：虽然公司对我不公，给我低于行业平均水平的工资，但也给了我更多积累行业经验的机会。如果因为工资低而放弃，不仅钱没挣到，连积攒经验值的机会都丢了，这才叫赔了夫人又折兵吧。

当然，我并不是说每个人都必须要这么逆来顺受。当你没有更多高工资的选择，没有更多行业、工作的选择时，何必要浪费时间来为难自己？表面是在与不公平做斗争，实际上两头都失去了。

如果坚持下去，当公司发现你的经验足够多，应该给你升职的时候，自然也就给你加薪了。如果你的经验足够多，公司还不给你加薪，那此时你在行业内也能找到更多更好的工作吧，这也不是一件吃亏的事。

所以，回头再来说说那个征文大赛，如果一个人真的爱好写作，得不得奖，过不过关，其实都不重要，重要的是当你安安静静地写下这些字的时候，那是你自己的成就感，你获得的是这些。可如果一个人把自己写不写作与得不得奖绑在一起，我觉得直接放弃比较好，因为他并没有从写作中得到什么，写作也只是浪费时间而已。

你是要过程还是要结果？

最怕的就是你不仅享受不了过程，也不会有一个好结果。

> 当你在职场打拼很多年之后,一定会问自己一个问题:我安身立命的东西到底是什么?其实就是在问自己:我找到能打开这个世界的钥匙了吗?

每个人都有自己的那把钥匙

有个作者朋友从大家的视线里消失了两年。前几天约见面,她说,这两年在筹备把自己的小说改编成电视剧。问她进展,她叹了口气,反问我:"我就是特别无奈,所以想问问你,这样下去,到底什么事情对我来说比较重要?"

她这两年,找了几个编剧一起改编小说,见了很多投资商,参加了很多聚会,认识了很多艺人,和很多艺人的经纪人也成了朋友。两年过去了,剧本不是特别满意,投资商也一直在观望,演员都说会等,但也都陆续接戏。一开始,觉得大家都在等自己,后来才发现,只有自己一直没有进步,大家都在等待中做完了各种事情。她很苦恼,不知道到底自己该走向何方。

曾经和一个北漂的歌手聊天,他说自己也有类似的情况。因为一直没什么发展,所以和旧公司解约,参加很多局,认识了很多朋友,每个人都说有机会一定合作,但过了几天,发现好像谁都不是那么真心。没有钱做不了新歌,想在家练歌又觉得这不是自己应该做的事。创作,机会,资金,未来……一环扣一环,他迷失在了奔波里。

人活在世界上很辛苦,尤其是想靠才华养活自己的人。

怕没有人喜欢自己,怕自己才华不够,怕坚持下去没有未来,总要看周围人的脸色行事。不喜欢夜场,却又不愿意放过认识人的机会。想得到别人的帮助,却分辨不出谁真正愿意帮助自己。看不到未来,也看不清自己。这样的人容易一直在黑暗里头破血流,心如死灰。

假装是一个人,其实心里知道,真实的自己是另一个人。

还有一位歌手朋友,不算红,性格内向,不懂交际,不明白要去争取机会。虽然省去了很多本该要面对的纷扰,但因此每天唯一的事就是窝在家里听歌、唱歌。有些人一直在等机会,他也不闲着,每天在家翻唱不同的歌,男歌手,女歌手,什么好听,就翻唱什么。不仅是为了唱歌,也是想找到自己唱歌的感觉。

我们聊天,说到每个人都有一把属于自己的钥匙,而我们的使命，就是不停地去找它。当你找到自己的那把钥匙，很多事就会势如破竹。唱歌的会唱出自己的风格，写作的也会写出自己的样子。因为知道了未来的每一扇门，都不必再费劲去推开，钥匙在手上，左拧或右拧就好了。

找钥匙是个很难的过程，需要耐心，需要时间，不能和别人比较，不能给自己压力。把双手双脚放在水里，一点一点摸索，靠记忆都能画出整片水域的地形。

有些人出生就自带钥匙，可绝大多数人的钥匙要靠自己寻找。

不要把时间花在"怕没有人喜欢自己"上，也不要把时间花在"怕自己没有才华"上；不要把时间花在"不知道坚持下去有没有未来"上，也不要把时间花在"总要看周围人的脸色行事"上；不要把时间花在"不喜欢夜场，却又不愿放过认识人的机会"上，也不要把时间花在"想得到别人的帮助，却分辨不出谁真正愿意帮助自己"上。

不要急着看未来，不要急着想看清自己。安静下来找钥匙，总有一天，你会找到属于自己的那把钥匙，一切就会顺利了。

Part 5

八封职场家书

这些年来，陆续有一些读者向我发来各种信件，询问一些职场中的具体困惑，其中大部分有代表性的问题，我都做了比较详细的回复，这里精选其中八封，取名为"职场家书"，希望它们就像是哥哥写给弟弟的家书一样，能给你带来一些帮助。

那些比我差的同学都找到工作了，我为什么还找不到

收到一封私信：

我找工作时遇到了点儿问题。每次我都自信满满地去面试，我感觉我的表现还不错。面试老师问的问题，我都能答很多、很出彩，我的专业技能不错，表达能力不是很差的。但是每次面试后，对方给的答复总是让我再等消息。比我表达差、比我专业差的同学都找到工作了，只有我还待在家里没有归宿，请问这到底是什么原因？

看完之后，觉得信息量太少。如果真如私信所说，你的回答很出彩，然而又每一次都失败，我想可能你是对自己有误解，也许你并没有听懂别人究竟在问你些什么。

你听得懂别人在问什么吗？这是一个大问题。

在大批新人的面试中，首先入选的当然是那些做好了准备，有问必答，且半条腿跨入行内的人。可是对于大多数人来说，正如每天在微博上转人生道理，天天寻求未来规划的那些同学，他们犹如在玻璃上的蜜蜂，明明看得到光明的前途，却找不到出路。

每个行业当然都需要第一种人，可哪有那么多的精英分子？我们做不了第一种，起码也要做企业需要的第二种人才。这种人才隐藏得很深，一般面试官即使把你选上了也不会告诉你原因。在这种灰白地带还能够入选的新兵蛋子，多半是因为他们听得懂面试官的话。

听得懂面试官说话真的那么重要？什么才是听得懂话呢？

"面试官让我五分钟之后叫下一位面试者进去，于是我站在玻璃墙外，掐表掐了五分钟，果断地在五分零一秒送了下一位面试者进去。我自诩听得懂面试官在说什么，可是为什么我就被刷了呢？"

我确实遇到过几位处在灰白地带的实习生，因为对以上问题作答不同，所以面临着截然不同的命运。其中一位是现在光线大型活动事业部的主力女导演，当时的她文凭一般、表达能力一般，表现出来的能力也一般，八位面试官对她没有任何印象。自然，她顺理成章被打入了灰白地带。由于面试了五位选手，八位面试官需要中途讨论一下复选名单，于是顺口让她站在玻璃门外，五分钟之后通知下一位求职者入场。

有趣的是，这五位选手有几位个性极为突出，被各个事业部的主管们争抢，所以讨论的时间远远超过了十分钟。我也是面试官之一。以往，一旦时间接近结束，我就会提快语速，期望赶紧把自己要表达的主要观点说完。要命的是，那天无论怎么说，我都觉得没说完。时间一点一点过去，当我噼里啪啦地表达完自己的观点，如释重负地舒了一口气之后，这位女同学敲敲门探头说："那我就叫下一位了。"

我问："哦，你的时间卡得很好，我们刚讨论完。不是说五分钟就进来吗？"

她回答："你们需要对几位选手进行一轮讨论，告诉我时间大约是五分钟，但由于谈论需要有结果是首位，所以我想五分钟就不那么重要了。如果你们三分钟讨论完，我想我也不会等到五分钟吧。"

不管你信不信，她因为这几句话而被留了下来做实习生了。

是不是很简单？

在面试官看来，她真的懂我们在说什么。尤其是当70%的人只想着如何把自己表现得像个美少女战士而忘记我们的感受时，这样的"女战士"更显得可爱。

后来的事实果然证明，这位女导演在面对工作时，懂得从领导的交代中得出重点，一切围绕重点服务。

刚担任导演三个月的她负责一场大型护肤品发布会的流程。整个发布会需要五位艺人出席，客户要求其中某台湾男艺人要在第一个环节出现。谁知因为天气原因，该男艺人的航班延误40分钟，而这边活动即将开始，无论如何去汇报上级也是无济于事的，通知客户反而会影响客户的情绪。于是，她立即通知主持人把所有的环节提前，然后把第一位男艺人的出场排在最后五分钟，自己撰写台本，同时要求该男艺人做更多的客户配合。男艺人之前不愿意在发言中夸该产品，不愿意承认自己一直在使用该产品，不愿意现场颁发该奖品送给现场观众，不愿意现场分享使用该产品的心得……

结果正如你想象的那样，因为该艺人差一点儿让这场活动陷入困境，他十分过意不去，所有现场提出的要求他都一一满足。对艺人而言，能尽量减少在场工作人员与客户的不满是最重要的。所以，当他在最后一个环节出现时，无论是现场还是客户，都十分满意。

把第一个环节调整到最后一个环节难吗？不算难。

难的是，如何把握住艺人的心理与客户的心理，做一个相当好的结合。

这是成功的例子。

失败的例子其实我在阐述这件事情的同时已经告诉你了，有的人真的五分钟后让下一位面试者进来了，无论我们是不是已经等了两分钟，无论我们是不是还兴高采烈地在进行讨论，总之好尴尬。

跨专业找工作真的很困难吗？尝试了很多次都失败了

同样也是一条私信：

我大学学的是法律，大四毕业的时候，我想从事编导行业的工作。因为我觉得很多节目的解说词漏洞百出，我的中文水平不会比现在很多节目的编导差，但我的逻辑能力又比他们要好，所以我想做一个好的编导。那时，我的同学都在嘲笑我，觉得我把编导这个工作想得太简单了。后来，我又觉得既然编导做不了，那我干脆去做销售也可以，因为我也发现很多销售员的口才和理解能力并不好，我对自己的理解能力很有信心，所以想去从事销售工作。同学又劝我在法律行业发展。可是，我本人并不喜欢法律,难道我的转型就那么难吗?

其实,现在从事传媒工作的人,已经越来越多不是新闻系毕业的了。正如私信里所说,其他专业的人带着各自专业的优势进入传媒这一行,反而让这个行业有了一些新的气象。我们不用把编导这个岗位想象得多么神秘,编导做出来的节目就是给大众看的。每个人都是观众,只要你能做出你自己看得懂且有兴趣的东西,我想观众应该不会太排斥。而你说到销售的那个问题,我个人觉得也没有问题。

这条私信最关键的问题在于:其实我们选A没有错,选B也没有错,错就错在A和B都不选。我们可以选择放弃,但是我们不能放弃选择。不想当好销售员的律师不是一个好编导,这是发私信的这位同学现在的处境。也许乍看起来会觉得很好笑,但我个人一点儿也不觉得好笑。因为你已经找到了三者之间的共通性,只有找到了职业共通性,才有可能迈出一只脚华丽转身还不至于闪着腰。

我们常常用"不想当厨子的裁缝不是一个好司机"来讽刺一个胡乱做职业规划的人。那是因为他们压根儿就不知道,厨子转行裁缝,再转行成司机,这之间究竟有什么联系。更多的人只是一拍脑门说我想做厨子。做了一段时间后,又觉得裁缝好。这山看着那山高，每一份工作都没有积累，自然会被人骂喜欢做白日梦。

但是，如果你这样说："裁缝需要对时尚充分了解，对色彩搭配充分了解，需要手工的精巧、细致、有耐心，这样才是一个好裁缝。而厨师其实也是这样，需要过硬的手上功夫，像我这样拿惯了剪刀、尺子、针线的裁缝，如果花时间去学习刀工的话，一定很容易上手。加上厨师也需要讲究菜色的搭配，我觉得在这个方面，我作为一个有资历的裁缝一定是有优势的。司机就更不用说了，裁缝和厨子都需要严肃、认真，不能有任何差池，这样的特点难道不能使我成为一个司机吗？"

我敢相信，如果你这样表述完厨子、裁缝和司机之间的内在联系，没有面试官会嘲笑你的，因为你把握住了每一个工种之间转变的可能性。

话说回来，当初我也是在做了记者，参与了很多大型活动的讨论之后，才能转行做策划的；在做策划时，帮助了很多导演进行策划并引导他们，培养了一定的领导能力，之后才有可能成为主编的；在做主编的过程中，常常和客户见面谈判，常常对部门的盈利进行监控，才有可能成为一个掌控整个节目组的制片人的；也正是在做制片人的过程中，自己邀约嘉宾上节目，才能成为艺人关系部的总监的。貌似每个岗位都是360度的转变,其实只有你自己心里清楚,不过只有180度罢了,稳当得很。

美国极负盛名的科普节目《流言终结者》在Discovery(《探索》)频道播出,由特效专家亚当·沙维奇和杰米·海纳曼主持,这两个人并非播音主持系毕业,甚至连幕后导演都不是,但他们会制造模型、道具。他们是机械师,能说会道,也是电视名人。亚当·沙维奇小时候演过不少电视广告和音乐电视节目。十几岁起,他陆续做过动画师、玩具设计师、木匠、平面造型师、电影放映师,还做过背景绘画、舞台设计,甚至电焊工。那时,他还不知道,这些丰富的工作经验在其日后做《流言终结者》时将起到重要作用。

杰米·海纳曼总是戴着帽子,而最常戴的就是贝雷帽。他是位潜水高手、野外生存专家、驯兽师、厨师,还通晓多门语言。他大学时读的是俄语专业,后来在加勒比海地区经营潜水和航海旅行生意。海纳曼的确是位多面手,说他样样精通也不为过。离开加勒比海后,海纳曼开始从事视觉特效方面的工作。他负责管理模型制作,协助拍摄电视广告和电影。事业成功以后,海纳曼开办了 M5 Industries 特技制作公司。

2002年,当沙维奇和海纳曼这对搭档试拍14分钟的《流言终结者》节目时,制片人彼得·里斯看了拍案叫绝:"就是你们了。"后来，我们就看到了现在的《流言终结者》。

就拿 2018 年的世界杯来说，冰岛 1:1 逼平了阿根廷。网上便流传了一个段子：说冰岛足球队是厨子把球传给了司机，司机传给了木匠，木匠进了球。而建筑工人在禁区放倒了梅西，梅西的罚点球被导演（这位导演不仅拍摄了冰岛参加世界杯的可乐广告，还是《欧洲好声音》节目的剪辑）给扑了出来。他们的牙医教练在场边笑了。

当然，事后证明，冰岛足球队所有的球员都是职业球员，他们只是各自有其他的爱好，做得也足够出色而已。

归根结底，你要相信，你所认真做过的每一件事都一定会对你的未来有所帮助。这个世界对于"认真"两个字，是有回报的。

工作不开心，生活很无聊，我是不是该辞职

第三封私信：

工作三年了，我每天过得很不开心。虽然也有加薪，也有升职，但是我不知道为什么自己还是不开心。正因为如此，我也参加了不少课外补习班，也学了英文，但还是觉得人生很无聊。我觉得自己是不是应该辞职回去隐居？

加薪、升职、课外补习班、英文，感觉这便是他人生的几大目标，一一达到之后，发现自己并无喜悦，于是怀疑人生出了问题。多少人是因此而否认自己的，我不得而知。纵观过去

的成长历程，前几年我也曾经怀疑自己有问题，近几年我终于明白了原因。因为我们常常拿别人的目标作为社会的目标，把社会的目标作为自己的目标，然后耗尽全部气力去做一件自己都不明白的事，然后得到一场虚妄的叹气。

每个人的目标起码是要自己感兴趣的，然后再把大目标拆分成小目标。虽然隐形窃取别人的目标作为自己的目标挺节约时间的，可一旦目标实现，你的失落感该有多大呢？

有人升职是为了再升职，再升职之后当二把手，然后自己创业。

有人升职是为了跳槽，达到曲线救国的目的。

有人升职是为了加薪，加了薪就有钱买车、置业、娶老婆。

有人升职是为了一人之下，万人之上，满足自己的管理欲望。

有人升职是为了获取社会地位，获得行内人的尊重。

你升职是为了和别人一样，"因为他们都升职""因为他们都报补习班""因为他们都在学英文"。

早在读初中时，我因为成绩不好，所以面临两个选择。一个是交钱进重点中学的普通班，一个是交钱进普通中学的重点班。按常理，大多数人都会选择重点中学的普通班，起码说出来会很好听，教育质量也不会差，但是，我妈给我的判断是，反正你成绩也不是太好,去了也白去,不如去一个普通中学的重点班。没准大家和你水平一样,一起努力还是有点儿可能的。我妈的选择让我大吃一惊。坦白讲,我已经到处对人说了我有可能进重点中学,然后看到别人那种羡慕的眼神,我心里超有成就感。听我妈这么一说,我彻底"灰败"了。

但是,事实证明她是对的。她没有把大众的目标作为她和我的目标,所以我确实在一个普通的高中里找到了真实的自己,看到了很多和自己一样的人,知道了自己的缺点,逐渐建立起了自信心,最后考上了理想的大学。

显然,之后我明白了,不要把别人的目标当成自己的。

就好像一个人因为卖酸辣粉成功了,于是街坊邻居就全打算去卖酸辣粉。可他们谁知道酸辣粉的老板早上几点起床,晚上几点睡觉,如何应付客人的挑刺,如何面对收保护费的地痞、流氓,如何与公安机关打交道,如何与竞争对手周旋?他们只看到人家赚的钱,因为钱是他们的目标。就好像现在有些同学跟我说:"以后我也要做传媒,也要学中文,也要写东西,这样才能和你很像。"可是,当年我选中文,是因为自己其他的专业课都很差,如果连中文我都不能学的话,我就没书可读了。我学传媒也是因为我的脑子实在是有"多动症",闲不下来,如果不做传媒,迟早会犯事。我写东西,完全是因为想的东西太多,不记下来对不起自己。不用一种养性的方式放松自己，就只能靠喝茶了，可我又没那么多钱喝茶。所有的一切都是被逼的，退而求其次的选择，正因为如此，所以我才那么珍惜这些机会，尽可能把它们做到不让自己失望。

但是，无论是中文、传媒还是写作，都不是我的目标。它们只是我当下还算感兴趣的某种谋生手段，然后坚持了下来。所以对于更多人而言，就更不用因为这是我安身立命之本，也认为这是你们的目标，除非你们自己真的真的很喜欢。正如你们不要因为哪个主持人红就想做主持人，哪个人有钱就想投资做房地产生意。你要先明白自己喜欢什么，那才是你要坚持做下去的，而不是别人想去做什么。

有些人活得精彩，因为他们知道为何而活；有些人死得洒脱，因为他们知道为何而死；还有一些人活得浑浑噩噩，因为他们不知道为何而活，也不知道能为何而死。每个人至少拥有一个可坚持的爱好，一个可解析成很多小情结的大梦想，这样才知道何为坚持。找到目标并付诸努力。也许现在的每一站都不是终点，但起码可以落脚靠站。

身边的同事都特差劲，我要不要换个工作环境

来信：

我是一名毕业一年的 IT 产品助理，我觉得现在的工作环境挺让我无语的。我身边的同事都特差劲，我觉得和他们在一起根本无法成长。他们做的活儿差就算了，他们还不会做人，平时连个招呼都不打！也好，反正我也不愿意理他们，层次太低了！我觉得我之所以也做得不怎么样，全是被他们影响的。你说，我该不该换一个工作环境？

如果仅仅凭这几句话，我就建议你换一份工作，那就很不负责了。但是，如果在不换工作的情况下，稍微调整一下，也

许你对很多事情的看法就不一样了。

先这么说，有这么一种人，他们最大的特点在于，不惹事，不生非，个性独立，态度鲜明，知道自己哪儿不足，也很少对同事颐指气使。但是，他们最大的问题在于，他们习惯用自己见识过的高标准去要求别人，而非要求自己。说得直白一点儿就是：虽然自己不行，但别人也不咋的。

以前，有调查公司做过"职场中你最讨厌打交道的同事类型"的调查，总结出了两种人。第一种是自己觉得自己哪儿哪儿都牛，什么时候都装大尾巴狼。对付这种人，最好的方法就是逮住机会猛打击他两次，他的气焰就不会那么嚣张了。还有一种人，不仅让你想回避，还想绕行。这种人很清楚自己不牛，但却永远也瞧不上别人。在他们心目中，其他人就是四个字——什么玩意儿（还带个儿话音）。

第一种人说得太多，不说了。

第二种人有一个典型代表，就是陶晶莹。

据说，当初的陶晶莹一张毒嘴特能损人，一眼就能看出别人的缺点，然后一针见血地指出，不留情面。很多人很怕她。后来，前辈小燕姐告诉她："既然你一眼就能看出对方的缺点，你肯定也能一眼就看出对方的优点，倒不如试试以后少说缺点，多夸优点。"

陶子照做，成为一名优秀的主持人。

能看出别人的不足，说明他们心里有审美观。换句话说，他们对于工作都有标准，知道什么是好，什么不好。这类人大多是聪明人，只是他们把过多的精力放在了别人身上，而鲜于告诉自己应该如何改进。

柳岩出道时，很多人与之竞争，很多人拿她与别人进行比较。一开始，她非常苦恼。后来她说："我花那么多时间去苦恼别人对自己的评价，不如像其他人一样，找到自己的问题，然后改进，不如把时间花在我自己身上，提高自己，专注做自己，也许心情会好得多。"无论一路有怎样的评价，她一直坚持把注意力放在自己身上，直到越来越多的人认识她，真正了解她。

在职场上，从来就不缺提出意见的人，缺的是提出建议的人。

指出别人的毛病，人人都行，但如何改进这些错误，则真正考验技术。

你要相信一点，一个助理能看出来的错误，领导还会看不出来吗？如果你能看得出来，只要你稍微暗地下一点儿功夫，帮助同事把他们身上的缺点都给改了，然后积极上进，遇见人热情洋溢地打招呼，把层次提高，你立刻就会变成黑暗中的萤火虫，浪漫而又耀眼，领导一定也会看在眼里。

与其在领导旁边不停地抱怨这个差那个更差，不如自己表现得稍微好一点儿。我想，你应该会成为最受欢迎的那个吧。

凭什么升职、加薪的不是我

收到一份简历，上面还附了一封信。

看简历前，允许我说几句——我是一个很努力的人，平时的工作质量还是不错的。可是，我们公司就比较过分了，四年了，我的工资一直是 4000 元！我平时的工作可是一直没有出过错啊！而且，我一直很辛苦地加班。原来和我一起进来的同事，不但加班不多，而且都升经理了。没升职的，工资也有七八千元了。更可气的，比我晚来两年的小妹妹，工资竟然都比我高了一倍！我觉得这个行业可能不适合我，所以想给您看看我的简历，因为我对电视行业抱有很大的兴趣，希望您能给我一个面试的机会！

如果我加班，薪资也不涨。我努力，也不升职。我的工作质量不错，可好事就是轮不到我。如果真是这样，我唯一的出路就是——赶紧辞职！

辞职完毕之后，赶紧考虑，升职、加薪为什么所有人都轮到了，可下一个还不是我？

坦白讲，这封附在简历上的来信有几个问题，我必须要指出来。

第一，你的不满来自你的工作从未出过错。言下之意就是：因为我工作没有出过错，所以我要升职、加薪。这样说来，你大概不用我继续解释了吧。一个人要升职、加薪，是因为他的工作出色，创造了更多的价值。或许他也犯了很多错误，但他的工作让公司看到了更多的可能性，而非一成不变。正如一个好司机能够保证十万公里不出任何事故，但不能代表他可以升职为后勤部部长，他的成绩仅仅只能证明他是一个好司机罢了。

第二，你把自己很辛苦地加班作为战绩。我曾经提醒过一些同学，如果不是部门加班，个人最好别没事儿老加班。你以为老板会觉得你辛苦、勤劳、忍辱负重？比起这个，老板更有可能会认为你效率低下、做事没方法、不合群，甚至觉得你在用苦肉计获得关注。职场不是连续剧，撑到最后不是光靠演技。

如果大家的工作都一样，别人不加班你加班，浪费水，浪费电，浪费自己的生命，老板除了觉得你算是一个任劳任怨的人，还实在是得不到一个别的答案。

　　第三，从"更可气的是，比我晚来两年的小妹妹，工资居然比我高一倍"这句话里，我听出你的意思了。你是在说："年纪小的人不应该拿比我高的工资，所有比你来得晚的晚辈的工资都不应该比你多。"如果这样说的话，我爸妈应该早就气死了，因为我毕业第二年的工资就比他们的工资要高咧。

　　第四，根据所有上面这些逻辑混乱的论述，你最后得出了一个结论：因为这一行不适合你，所以你打算投身进入电视业。你真当电视行业是收容所啊！

　　好了，我的怒火发泄完毕。回过头来告诉你一个和你很类似的成功案例。日本高科技时代最著名的企业领袖稻盛和夫年轻时和你一样，对老板长期不给自己加薪抱怨不止，理由也和你差不多，"跟了老板这么多年""踏踏实实从没犯错""别人都涨薪了"云云。稻盛和夫的哥哥给他当头棒喝："你如果养成了这样的习惯，抱着这样抱怨和挑剔的心态，即使你换一个公司，依然会遇到现在的问题。目前，你唯一能做的，是提升自己的能力，而不是抱怨和挑剔公司、同事。"稻盛和夫从此开始改变自己，努力把现在的工作干好，不断提升自己的能力。随着越来越受到公司的重用，他的薪水也不断地上涨。后来，稻盛和夫离开公司，自主创业，成为享誉世界的著名企业家，被世人称为"经营之神"。著名的京瓷 Kyocera 和 KDDI 通信都是他旗下的企业。

但是，本着对你负责的原则，我看了你的简历，你毕业四年了，工资一直 4000 元。对于公司而言，你的待遇就意味着公司认为你值多少钱。为什么有的人值 3000 元，有的 4000 元，有的 8000 元？你明白其中的意义吗？

现在，你最应该做的，就是去了解那些工资比你高的同事，他们的工作究竟哪里和你不一样，他们创造的价值哪里和你不一样。把自己的工作内容提升到他们的层次，我相信你的好日子也就快到来了。你的领导把你周围所有人都提拔了，把你的晚辈也提拔了，足以证明他不是一个昏君。

如果还不成，那就辞职吧。但是，辞职报告里请不要再犯我指出的那几点错误了。

一直没能升职、加薪，做个老好人难道不对吗

来信：

我在公司工作一年了，和我同时进来的同事普遍涨薪，但是我却没有。我想应该不是我工作的问题，我的工作绩效每次都是前几名，而且也没有犯过什么错误，一向踏踏实实地做事。可能是我太"踏实"了，上面负责加薪的领导没有关注到我的存在。我们公司很大，大领导都在楼上，没有注意到我很正常。我同事劝我去找领导提涨薪的事情，但是我觉得自己刚来，没有什么资格。想写一封提薪信都不知道该如何下笔。同事就说我是老好人，一定会被欺负的。刘老师，您有什么好建议吗？

你不是老好人，你是老实人。你完全明白自己的处境，只是怕自己提出来令领导尴尬，也令自己尴尬，所以觉得还不如忍一忍。

很多人面对过和你一样的问题，同级别的人里他的工资最低，同样岗位的人里他的工作最多，同样迟到的人里他的罚款最重。很多人都曾一度怀疑领导在有意地排挤他们，可看了半天之后，又觉得如果领导不喜欢谁的话直接就可以把他给换了，不用花时间去"修理"。后来想明白了，是因为领导并没有认为这有什么不妥。

领导每天日理万机，每个人占用他一个小时的时间解决个人问题，二十个人的团队就会占用他二十个小时。他准得疯了。

要重塑领导对你的态度，最好的办法就是直接谈判。要知道，如果你业绩不错却一直处于团队垫背的位置，趁早换个地方比较好。所以，哪怕谈判破裂，你也有走的决心。但是，万一谈判圆满，你就救了自己一把。

不过，在谈判过程中，我见过太多人犯过二。当然，我自己更二。

曾经，我和领导谈判常常失败，没有下文，我百思不得其解。

我和领导的对话如下：

"为什么我们组的工资普遍偏低？"

"一直都是这样。"

"那就是一直普遍偏低？"

"要加工资也可以，你要先想想，你们节目的质量和广告近期有明显的提升吗？"

一听到"明显"两个字，我就明白这次谈判我是不可能占优势了。究竟要多好才算是"明显"？我不知道，一时间，我整个儿的情绪被干扰，于是我抱着"一定要有明显提升才能涨工资"的心情离开了领导的办公室。现在看起来，以上的谈判并没有什么问题，没有明显提升就是不能涨工资，这是特别正常的事情。

后来，终于有一位前辈看不下去了，把我召了过去，告诉我两个字：公平。

什么是公平？就是不管你的情况怎样，你要对比的不是现在的你、过去的你和未来的你，而是过去的你和过去的别人，现在的你和现在的别人，未来的你和未来的别人。一旦谈判变成自己和自己比，每个人多少是羞愧的，但如果我们遵循"公平"的原则，重新进行一次谈判。

"为什么我们组的工资都普遍偏低？"

"一直都是这样。"

"那就是一直普遍偏低？"

"要加工资也可以，你要先想想，你们节目的质量和广告近期有明显的提升吗？"

"其他组节目的时长和我们一样，人数比我们多，他们的广告量和收视率和我们相似，但是为什么工资却比我们高？我并不是说自己一定要涨工资，我只是想要公平而已。"

"……"

你看，试着别谈自己的问题，改谈公平。除非领导撒泼似的告诉你："我就喜欢这么干，你怎么着吧？！"否则，这次谈判，你已经引导领导去重新思索薪资结构是否存在不合理的问题。

切记，你谈的是公平。要么你把我们团队的工资加高，大家公平；要么你把对方团队的工资降低，大家也公平。而不是我一定得要加工资才行。不过，结果往往是你得到了你想要的待遇。

在职场上，只要你有两把刷子，谈公平，是最有效的武器，比你会做人、会交际、会运筹帷幄都有效得多。

为什么我用真心待人，别人却没有用真心对我

来信：

你说是不是所有人都喜欢捏软柿子啊？我觉得自己在公司是一个很热情、很讲义气的人，经常在工作和生活上帮助同事，但是我觉得他们没把我做的事情当回事儿。我觉得我用真心对别人，别人却没用真心对我。有时候，我替别人做一些琐事，虽然是琐事，但是量多也占用时间啊。我答应下来后就得做，所以造成自己的工作拖延了。我这么做了，他们还不领情，于是我再也不答应他们了。可是，他们突然就觉得我对他们不好了，然后就不理我了。但是，和他们很要好的同事，一直以来很少帮过他们啊。

我是不是把他们惯坏了啊？

为了养家糊口，我们连孝顺爸妈的时间都没有，为什么还要浪费时间在公司里"孝顺"领导和同事呢？说"孝顺"或许有点儿过分，我要表达的意思是：这个社会上，并不是所有人都是爸妈，用不着对每个人都掏心掏肺，拿出存款谈心事。

以前有一个同事，把自己当成了圣母，从没见他发过火。对待每个人，他都特别有耐心。不论有理无理的要求，还是分内分外的工作，只要同事提出来，他都会满口应承，满脸笑容。我曾经问过他："为什么你对每个人都那么热情，至于吗？"他回答："人家既然提出来了，我能做到，为什么不去做呢？而且，公司那么复杂，万一你拒绝了，让对方觉得你不是什么好人，背后说你坏话，岂不是给自己惹麻烦？"

原来，他是担心自己没有好人缘，对自己未来要开展的工作会造成麻烦。这么一说，貌似出发点也没有错。不过，当"老好人"的种子埋下之后，随着时间的慢慢推移，苗发了芽，长成树，结了果，落了叶，等到他有了一丁点儿倦怠，许多人便开始讨论起他的缺点来。"他还不如别答应我，搞得我现在上不上下不下，很尴尬。""不就是帮忙带个盒饭吗？至于犹豫那么久吗？""他现在好像变了，没以前那么好说话了。"我真是庆幸自己当时没有被他洗脑，不然我也准得成为别人唾沫中的炮灰。

老好人最大的坏处就是，当你一两次满足了同事，培养出他们的习惯后，他们就会拿那一套标准来衡量你。他们根本不会想，你本来没有义务帮他们这个忙。别人之所以说你变了，无非是因为你不再按他们的想法行事罢了。

老好人同事陷入了人际交往恐惧的境地，这还不是最坏的结局。因为老好人什么都说"好"，什么自己的利益都能牺牲，什么都不与人争抢，不得罪任何人，即使被人得罪也一笑了之。于是，在年终评比的时候，大家不记名限投三票，全组 40 个人，几乎没有一个人写老好人的名字，包括他自己。

最坏的结局果然来了。

说来说去，好像这些同事都太差劲，环境太恶劣，和他们一起共事真没意思，可是，我要说明的是，世界上本没有坏同事，自从老好人多了，坏同事就顺势而生了。

你对谁都好，就是对谁都不好，尤其是对不起你自己。

每天面对吐槽和抱怨，我怎么才能强大起来

来信：

我有个同事，我和她关系还不错，可她特别爱跟我聊工作上的事儿——不是正事儿啊！就是老抱怨一些东西，一会儿嫌领导不照顾她，一会儿嫌同事不尊重她，一会又觉得公司报销制度太麻烦……简直一个吐槽王。刚开始我觉得没什么，但后来好像耳濡目染，搞得我现在每天的工作也变得特消极了。其实，我不想听她说的那些，但碍于面子，同事说公司的不好，我总不能一直反驳吧？好像我很装似的，我该如何说服她慢慢地变得积极一点儿啊？

我宁愿和一个每天老办傻事但特乐呵的人合作，也不愿和

一个办事效率高但特爱抱怨的人在一起。原因只有一个：工作已经够辛苦了，每天还要看你一张丧气脸，简直是自找苦吃。

负面情绪和打呵欠一样容易传染。我现在最重要的工作，不是让大家变得更有效率，而是及时发现有负面情绪的人，帮助其调整。调整不了，就及时排除。

抱怨这回事，做好了，事半功倍；做不好，颜面尽失。切勿见人就抱怨。

只对有办法解决问题的人抱怨是最重要的原则。向毫无裁定权的人抱怨，只有一个理由——为了发泄情绪，而这只能使你得到更多人的厌烦。直接去找你可能见到的最有影响力的人抱怨，效果会非常明显。

选对抱怨的方式，尽可能以赞美的话语作为抱怨的开端，最大限度地降低对方的敌意。比如："你把事情做得那么快、那么好，让我想辞职的心都有了。"当对方觉得你在夸奖他的时候，你再说："那你能不能每次先和我沟通之后，再去执行呢？不然我真的措手不及。"

控制你的情绪。即使感到不公、不满、委屈，也应当尽量先使自己心平气和下来再说。就事论事地谈问题。**过于情绪化将无法清晰、透彻地说明你的理由，而且还使得领导误以为你是对他本人而不是对他的安排不满。**比如面对领导的新政策，有的人会这样抱怨："我受不了了，哪有这样的工作制度，凭什么要这样呢？"其实，你仔细询问之后才发现，原来他仅仅是觉得新政策太苛刻，压力太大。他完全可以心平气和地对领导说："是这样的，我觉得这个政策有一点点苛刻，是不是能够稍微改变一下？"这样的话，领导非常明白你在和他讨论新政策的内容，而不是像一开始那样，让领导觉得你是对他有排斥。一旦对事情的态度上升到对人而不是对事的时候，问题就很难解决了。当你抱怨完了，一定要能够提出相应的建设性意见，来弱化对方可能产生的不愉快。如果你不能提供一个即刻奏效的办法，至少应该提出一些对解决问题有参考价值的看法。这样，领导会真切地感受到你是在为他着想。

对事不对人。你可以抱怨，但在抱怨后，要让领导和同事切实地感到，你被所抱怨的事伤害了，而不是要攻击或贬低对方。因此，在抱怨后，最好还能说些理解对方的话。切记，抱怨的目的是帮助自己解决问题，而非让别人对你形成敌意。

最后，不管你如何抱怨，千万不能耽误工作。很多人认为自己是对的，所以要等上司给自己一个"说法"，正常工作被打断了，影响了工作进度。其他同事对你产生不满，更高一层的上司也会对你有坏印象，而上司更有理由说你是如何不对了，你今后的处境会更为不妙。

Part 6

我的职场十年

最后，是我这十年来的职场日记。关于职场的点滴，现在仍在继续。

希望你也能把自己的每一步记下来，看着自己一点点变得更好，真是一件很有幸福感的事。

生活里的光，都是那些微不足道的成就感

17 岁之前，好像人生最重要的事便是成绩。

只要成绩不好，一切都变得没有意义。《我在未来等你》中，我写了一段话，是我的真实写照："现在的我，不努力不行。努力了也不行，我根本就学不会。我只能假装出一副让大家看起来我很努力的样子。其实，我也很讨厌自己这种努力了也不行的人。我也不知道为什么，那些对别人很简单的问题，对我来说就那么难。"

那时，因为成绩不好，父母、老师、同学都把我当成另外一个世界的人。哪怕和成绩差的同学们抱团取暖，心里也在想：什么时候，我才能摆脱这样的生活？

"你为什么不努力？""你为什么听不进去？"诸如此类的责问比比皆是。我坐在那儿，恨不得拼上一条命想明白老师说的那些。可事实却是：我真的不懂。我以为自己是全世界最愚笨的人。后来，慢慢长大，才发现这个世界上对自己无能为力的人是如此之多。

"后来，你是怎么走出来的？"有人问。

高三那年，课业极其繁重，翻开任何一页习题都是蒙的，我已然从心里彻底放弃了高考。有一天，数学老师带大家从头开始复习高一数学。我心里冒出一个念头：虽然现在什么都不会，但是以我高三的智商，还是能明白高一的数学吧？我不知道自己为什么会这么想，毕竟整个高中战场兵荒马乱，而我却只是停下来研究一匹马的长相……

很多事情越着急越混乱，反倒是彻底抛弃了之后，心里才宁静。数学老师每天复习一个小节，于是我就把那个小节的习题用各种方法解决掉，无论多晚。就在别人纷纷为高考冲刺时，我把所有注意力花在了高一数学上。

就这么坚持了一两个星期之后，到了小节考试，满分一百分，我破天荒地考了九十分。那是我第一次靠自己的能力解决了如此多的考试上的问题。虽然老师和同学也曾怀疑我作弊，但只有我自己心里清楚，被怀疑作弊也是一种高估，不是吗？

此后的数学测试，每次小节考试，我的成绩都不错，一到月考，我依然倒数。但是，我知道自己似乎和之前变得不一样了，因为此前的我，做任何事都没有成就感，不知道自己的付出能得到什么，现在我已经知道了，我能把数学小节考试做得不错。再多给一些时间，也许自己是可以的。这种微小的成就感就像心里的一小撮火苗，我用时间和细心去呵护。慢慢地，内心的冷漠、无助、黑暗都因为这一点点火苗开始消融。

之后的我，敢向老师提问，敢和同学交流，敢在其他科目上相信自己。高三的我，带着这一点火光，给足氧气，一路"燃烧"，终于考上了大学。

后来，进了社会，开始北漂，也常会对眼前的生活与未来感到困惑。大事干不成，我便埋头寻找任何微小的成就感。一封回得很及时的邮件，一段不错的颁奖盛典的主持人开幕词，最好的盒饭供应商，让节目变得不太一样的环节设置……每一点小小的改变都在提醒我：我的工作是有意义的，当越来越多有意义的事连成一片时，你总会被机会看见。

每个人都有对人生无能为力的时候，这时不妨停下自责，去找你能够得到的，哪怕是最微小的成就感。然后爱护它，让它帮你重新点燃对未来的理解。

坚持，并希望越来越好

1999年，我18岁，从湖南的小城市郴州进入省会长沙读大学。从未接触过同城之外的同学，也从没有认真使用普通话与人交流，连起码的问候也只是在佯装的自然中探索前行。因为害怕与人交流，居然就喜欢上了军训。站得笔直，任太阳拼命地晒，彼此不需要找搭讪的理由。教官在一旁狠狠地盯着每一个人，谁说话就严惩谁，这样的制度正合我意。

湖南师范大学的传统是军训期间编一本供所有新生阅读的《军训特刊》。我还记得那是一本每周一期的特刊，上面是各个院系同学发表的军训感悟，不仅写了名字，还写了班级。特刊并不成规模，但对于中文系的我们来说却是趋之若鹜。而它产生驱动力还有一个重要的原因——第一期的卷首语写得很好，落款是：李旭林，99 级中文系。

99 级中文系，和我们同一年级、同一系别。在大多数人什么还没弄明白的情况下，居然就有同学在为全校新生写卷首语了。同学们争抢着看特刊编委会的名单，"李旭林"三个字赫然印在副主编的位置上。

这个名字迅速在新生中蔓延开来。再次军训时，有人悄悄地议论，那边那个男孩就是李旭林。顺着同学的手势看过去，一位身着干净的白衬衣、戴金丝眼镜、面容消瘦的男同学正拿着相机给其他院系的军训队列拍照片。

后来，听说他是师范中专的保送生，家里条件不好，靠自己的努力争取到了读大学的名额。他写文章很有一手，所以一进学校就被任命为文学院的宣传部副部长。还听说，他在读中专时就发表了很多诗歌、文章。女生们聊起"李旭林"三个字时，眼神里全是光芒——"他的字是多么隽永，家境是多么贫寒，性格是那么孤傲"，印象里的才子就应该是这样的。

我从来就没有想过自己能与这样的人成为朋友。即使后来知道他与自己是同乡，感觉上的遥远仍然存在。我相信每个人都有过这样的感受：自己与他人的差距不在于外表、出身或是其他，而是别人一直努力而使自己产生的某种羞愧感。我觉得我与李旭林之间便是这样的差距。

大学生活顺利地过了三个月，院学生会招学生干部，我也就参照要求报了宣传部干事的职位。中午去文学院学生会办公室时，李旭林正在办公室写毛笔字，看见我进来便问："同学，你毛笔字怎么样？"

除了会写字，我的字实在算不上规整，更不用提有形了。

看我没什么反应，他一边继续写，一边问我的情况。

我没有发表过文章，也从来不写文章，字也写得不好，只是中小学时常常给班级出黑板报。没有其他的特长，唯一的优点恐怕就是有理想了。

"哦，对了，我也是郴州的。"最后，我补充了一句，同时咧开嘴笑了起来，因为实在无法在各种对话中找到与对方的一丝共鸣。

"哦，是吗？那还挺巧的。"他推了推自己的眼镜，并没有看到我灿烂的笑，继续把注意力放在毛笔字上。

我略带失望地继续说："我想报名学生会的干事，具体哪个部门我也没有要求，总之我会干事情。"

"那你下午再来吧，我大概知道了。"他依然没有看这边。

"那先谢谢你了。"我不抱任何希望地走了出去。

"你叫什么名字？"

"刘同。"

"我叫李旭林。"

"我知道。"

"哦,对,你说你也是郴州人……"这时,他才转过头来看着我,身形与脸庞一样消瘦,但不缺朝气。看他微微地笑了笑,我补充了一句:"早在《军训特刊》上就知道了。"

"哦,这样啊。那你住哪个宿舍?"

"518。"

"我在520,就隔一个宿舍,有时间找我。"李旭林的语气中有了一些热情。那一点点热情,让我觉得似乎他平时很少与人沟通。更准确地说,他似乎没什么朋友。

"真的?"

"当然,都是老乡嘛,互相帮助,一起成长。"话语中带着惯有的保送生的气势,但并不会掩盖他的真诚。

我妈常托人送很多吃的过来,她害怕我第一次在外生活不会照顾自己,牛奶一次送两箱外加奶粉十袋。同宿舍的同学结伴出去玩电脑游戏了,我就拿了两袋奶粉走进520宿舍。李旭林正在自己的书桌前写着什么,我进门时把屋外的光影遮成了暗色。他扭头看见我,立刻把笔搁在了桌上,等着我开口。

"我妈托人送了很多东西来,我吃不完,也没几个朋友,所以给你拿了过来。喏。"李旭林的脸涨得通红，忘记他当时说了句什么。然后，他将桌上的稿纸拿过来给我看，掩饰他的不安。

依稀记得，稿纸上是有关年轻放飞理想的壮志豪言，排比和比喻相当老练，不是我当时的能力可以达到的。也记得李旭林当时的眼神，坚定，充满希望。

有时，宿舍熄灯了，我们会在走廊上聊天。我从不掩饰自己对他的崇拜。刚开始，他特别尴尬，后来他就顺势笑一笑，然后说："其实一点儿都不难，我看过你写的东西，挺好的。如果你能坚持下去，我保证你能发表。"

一听说能发表，我整个人就像被点燃了一样。如果文章能发表，就能被很多人看到，一想到能被很多人看到，我突然就增添了很多自信和想象中的成就感。

在他的建议和帮助下，我开始尝试着写一些小的文章。他便帮我从几十篇文章里挑出一两篇拿到校报去发表。拿着油印出来的报纸，他比我还兴奋。他常常对我说："你肯定没有问题的。"

这句话我一直都有印象，以至于今天，如果遇见了特别有才华，但没有足够自信和机会的人，我都会模仿李旭林的语气说："加油，你肯定没有问题的。"因为我深知，一个对未来没有任何把握的人，听到这句话时心里的坚定和暖意。

再后来,他成了文学院院报的主编,也就顺理成章找了每天愿意写东西的我当责编,帮忙挑错别字,帮忙排版,帮忙向师哥、师姐们约稿。

我问:"那么多人,为什么要挑我做责编?难道只是因为我们是朋友?"

他说:"那么多人,只有你会坚持每天都写一篇文章。好不好另说,但我知道你一定是希望越写越好。"

这句话至今仍埋在我的心里,无论是写作还是工作,很多事情,我会因为做得不够好而自责,却从来不会放弃。好不好另说,能一直坚持下去,并希望越做越好,是我永远的信条。

多年后,我来到北京,再也没有听到过李旭林的消息,但他的作品还在我书架上摆着。希望下一次遇见时,我能够亲手把自己的作品送给他,并告诉他:大学毕业后,我出版了第一本小说……直到现在也没放弃。

如果每天没有进步,那十年后的你,只是老了十岁

"如果一辈子永远在重复某一天,你愿意吗?"那时,我还在读高一,来实习的男老师也不过二十出头。第一堂课上,他问了我们这个问题。

"如果这一天可以让我自己选择,我愿意。"他看着我,微笑着鼓励我继续说下去,"我会选择世界上最幸福的一天,然后永远过下去,这样这一辈子该有多好啊。"

全班同学都笑了,老师也笑了。他示意我坐下,接着对我说:"某一天,你再问自己一次这个问题。如果答案有所改变,就证明你开始不再为了生活而生活,而是为自己而生活了。"

这个场景连带这个问题，一起埋在16岁的日子里。后来，我考上大学，参加了工作。在进传媒圈之前，每次在电视上看到有趣的节目、有观点的新闻、胸有成竹的主持人，我就会在心里默默问自己："我什么时候才能和他们成为朋友啊？好希望以后能从事那样的行业。"可当我终于如愿以偿地成为娱乐记者后，突然发现，好看的新闻似乎永远不是自己能做出来的。没有知名的采访对象，也没有劲爆的独家新闻，每天主编会告诉我，第二天有怎样的娱乐新闻发布会，有哪些人参加，我要做几分钟新闻。

于是，提前一天约司机和摄像师傅。第二天一早借磁带，上午赶到发布会现场，签到，领200元钱的车马费。接着，在观众席坐上两个小时，等待媒体群访时间，每家记者问一两个问题，然后结束。回来拿着主办方给的新闻通稿，花一个小时，编辑一条新闻，播出。一天娱乐记者的工作结束。

刚开始还会积极争取第一个提问，后来一想，反正其他家媒体记者都会提问，被访者也会回答，我就直接用他们的采访算了。

刚开始还会交代摄像师傅一定要拍摄什么镜头，后来约不到摄像师傅也没关系，反正其他媒体记者都在，大不了直接去问他们拷一份现场的素材。

再后来，连坐都懒得坐了，签了到，领了车马费就走人。反正一条主办方希望的娱乐新闻，无非就是根据他们的通稿，配上雷同的画面，播出就行。就像很多公关公司同仁说的那样："任何节目、任何记者对我们来说没什么大区别，都是宣传工具罢了，唯一的区别可能是各个媒体的强势、弱势不同而已。"

听到这样的评价，我愣了好一会儿，想起高中那几年做的白日梦，想起大学那几年为进入娱乐传媒圈所做的努力，一切的一切都是希望自己能有个"不一样"的工作。没想到，多年的努力最后却被一个个大同小异的发布会刻上了"宣传工具罢了"六个字。我把这些疑惑告诉当时的节目制片人小曦哥，他问我："你昨天与今天有区别吗？你觉得你的今天和明天会有区别吗？"

我仔细想了想，摇摇头。

他继续问我："如果你未来能在这个行业中出头的话，你觉得应该会是什么原因？"

"待的时间比别人长？资历比其他人老？"当我说出这样的答案时，有些不寒而栗。不知从什么时候开始，我已经把人生翻盘的决定权完完全全交给了时间，或者他人。

小曦哥看着我，笑了笑："如果你每天没有进步，只是在等待命运的垂青，那十年后的你与今天的你的唯一区别，就是老了十岁。"

我突然想起高中实习老师问我的那个问题。那时,我愿意永远重复某天的幸福,而现在我却迷惑了,因为不管快乐还是难过,如若沉溺于某一刻,无论是重复每一天的枯燥,还是重复每一天的幸福,对人生而言,一辈子也仅仅是活了一天啊!

后来,我几乎再也不去这样的发布会了,而是自己报选题给制片人,做全省各个节目的幕后花絮。采访不到省级选秀冠军,我就去还原他的生活环境;无法破解世界级魔术师的实景魔术,我就通过慢镜头的方式破解他发布会上表演的小魔术。我开始通过各种关系邀请来湖南做宣传的艺人,哪怕是所有媒体都到场的娱乐事件,我也希望能做出不一样的新闻来。因为这种"不一样",我受到过表扬,也受到过批评,甚至节目都差点儿误播过。但是,现在回想起来,和刚参加工作那几年相比,我真的"不一样"了。

有人对我说:"刘同,你太不安于现状、太好动了,不然你在职场会更加风生水起的。"我不置可否,但我知道,如果一个人一辈子只重复同样的一天,那该是世界上最寂寞的事情吧。

有些苦不值得抱怨

早些年，每次说到我在北京的时候，父母的朋友总会说："真不错，敢去北京。"再听说我在一家不错的传媒公司任职，他们就更觉得我一个外地人在北京打拼不容易。其实，我们公司的大老板、二老板，以及三、四、五、六、七老板，都不是北京人。北京大多数单位和企业里大多数员工都是北漂，谁都不是别人眼里的外地人。

每次回家过完节重返北京时，心情都是复杂的。那时也总会问自己一个问题：如果留在家乡，工作会怎样？这种问题基本上只是一闪而过，连想都不愿意细想。留下来，也许根本找不着工作。留下来，也许根本不能适应凡事都要讲各种礼数、规则的小环境。耍性子是不可能了,与合作者翻脸更是想都别想,资源就这么多,犯一点儿错就难以翻身。

而北漂与之相比,则充满了机会与包容。这家公司不行就换一家,甚至这个行业不行,也可以尝试跨行、转型。人人都忙得要死,没时间花在你身上去针对你。从这一点来看,选择北漂比留守家乡似乎更轻松。

回家和很多即将参加工作的朋友聊天,大多数人觉得,北漂是个伟大的举动,勇敢又光荣。其实,北漂只是因为无法忍受一成不变的日子而做出的个人选择,在一眼便能望到头的生命中熬不下去才被迫做出的改变。说好听点儿是为了理想,说世俗了,也不过是为了自己的欲望。为了不看人脸色生活,为了想每天几点起就几点起,为了一个月凭本事挣父母一年的工资,为了可以一个人独立选择生活方式,我们选择北漂。这些人互不打扰、相互体谅,在有序规则里协作,也有人结为伴侣生儿育女,为北漂生活画上一个圆满的句号。

一个北漂的决定,让本是普通人的我们,找到了展示自我的途径。不仅有了更多的工作机会,还结识了很多能成就彼此的人,有了可以自己把控的生活。以往不习惯说拒绝的人,在北漂的日子里,也渐渐变得知道自己要什么,开始学会说"不",从而获取更多属于自己的时间和空间。以往不相信自己的人，因为很多陌生人的信任，重新认识了自己，发出"原来我也能这样"的感叹。

如果你是一个为自己而活的人，北漂一定会让你找到更接近真实的自我。如果你是抱着伟大的理想与抱负而选择北漂，或许现实会首先给你浇一头冷水。所谓"北漂"，大概就是教会一个人如何先适应在大海里漂着，再学会为自己建造"海市蜃楼"的过程吧。

假期结束，回到工作岗位的我，立刻又开始忙得像条狗了。虽然背井离乡，但一点儿都不觉得悲壮。都说拼搏和奋斗是一个人价值的体现，但却不是每个人都有拼搏和奋斗的机会的。北漂也许一开始挺苦的，但每个人都可能遇到那些自己曾经只能遥望的机会，这就是最大的益处。

我记得在朋友圈看到过一段对话（未经过考证，但着实震撼），大致意思是，有人对马云说："我佩服你能熬过那么多难熬的日子，然后才有了今天的辉煌，你真不容易。"马云说："熬那些很苦的日子一点儿都不难，因为我知道它会变好。我更佩服的是你，明知道日子一成不变，还坚持几十年如一日照常过。换成我，早疯了。"

有些苦不值得抱怨，因为你知道迟早会变好。

不要在你上坡的时候欺负人,因为在下坡的时候你会遇见他们

刚进光线时,我负责编辑港台新闻。因为之前在湖南工作时,我的习惯是常常在新闻里做些动态效果包装,所以在剪辑好的粗编带上,我夹带了一张给后期的包装单。

那时,我在光线熟悉了两个星期的机器,开始正式上手。领导能让你上手正式制作节目,就标志着你可以通过制作节目挣钱了。它不像在那时的湖南台,不管你做多少,都是拿一样的薪水。在光线,你能做就标志着你有拿工资的机会,制作的节目符合播出标准,就能正式拿钱。那时,做一条新闻的稿费大概是150元钱。那天,我很认真地做了两条,那是我到北京

可以挣的第一笔稿费。

第二天审片，我的片子并没有进入播出系统。当我向主编提出疑惑时，后期对主编说："他懂不懂规矩，一个包装单包那么多东西？以后他的片子我不包。"

现在想起来，或许是我兴奋过头，写了太多东西，给后期增添了过多的工作量。可是，对于当时的我来说，正确的处理方式应该是：首先，如果你不愿意包我的片子，可以电话通知我，我可以减少包装量；其次，你可以通知主编，我的包装量不符合标准。你怎么能在不通知任何人的情况下就私自做决定呢？

可是，纵使我有一万个不服的理由也无济于事，出了机房，我的眼泪就止不住了。并不是因为受了这点儿委屈，而是觉得自己一个人到了北京，本来就很不安定，这下因为自己的幼稚得罪了同事，觉得六神无主。还没扎根，就想撤退。

当时的节目制作人看我一个人站在墙角，就过来问我怎么了。我忍着眼泪将原委说清，制作人随手拿起一本书带着我进了后期机房。在我和后期面前，制作人问了后期几句话后，显然也被激怒了。她把手上那本书重重地摔到桌上，然后对后期说："就算以后刘同给你一本小说，你也要把它给我全部包完！"她的话还没落音，我又一下子哭了起来。现在回想起来，觉得自己真的好会演戏啊，特别会在重要关口增加戏份。

后来，每次不管工作多忙、多累，制作人对我要求有多严苛，只要我想起这件事，就想豁出命去工作。因为我在无依无靠的时候，她给了我最大的帮助，所以我一定要用最好的状态去报答她。

正因为当我还是新人时被人欺负，所以我知道那种被欺负的感受有多么糟糕。

正因为当我被欺负的时候得到了前辈的帮助，所以我知道对于新人而言，一点点善意的帮助和鼓励，对他们未来的人生会起到比你想象中还要重要的作用。

千万不要在你上坡的时候刁难别人，因为未来你下坡的时候，一定会遇见他们。

不要怕被人利用，每个人的价值就是被利用

进光线之后，我的岗位是节目策划。那时，我对工作的定位，是在最短的时间内打入娱乐圈，拥有很多好朋友，拥有很多明星资源。这样，我就能拥有很多选题、很多题材了。现在想来，我的目标并没有错。直到今天，我也在朝这个方向而努力。

目标没有错，可是为了实现目标的方式却错了。那时，为了更快地打入所谓的娱乐圈，我就托朋友找朋友：××经纪公司的经纪人，××公关公司的市场专员，××影视公司的企划宣传……每天的工作就是上MSN给他们发信息约他们吃饭、喝酒。这样做的目的也很简单，吃饭、喝酒是多么放松的事情啊，在这个过程中，大家自然就能成为很好的朋友。这样，他们就

能把近期艺人的计划告诉你,然后你就能拿着这些选题规划节目了。

　　事情并没有我想象中的坏。事实上,我也成功地在一个月内拿到了几个选题。只是我突然发现,每个月税后工资只有4000多元钱的我,常常在请了几顿饭,交了房租之后,就所剩无几了。甚至赶饭局坐公交车,在外请夜宵,回家吃泡面。那时的我,完全被一大票的虚假繁荣迷惑了,以为自己真成了娱乐圈中人。后来才发现,得到选题的多少,完全和请客的次数成正比。别人为了还你一个人情,给你一个选题,但你和他却很难成为朋友。那时,交朋友并不像现在这样,只需要加一下关注,打一个电话,有一个共同朋友就可以了。我终于意识到自己的二百五,每个月辛辛苦苦挣了些钱,全部都请客吃饭了。这不是我来北京的初衷。

　　在深刻反省之后,我选择了踏踏实实地工作,每天再也不追着别人请吃饭了。令人寒心的是,在我开始停止找他们之后,他们也立刻忘记了有一个北漂的孩子曾一直在请他们吃饭。

　　收心做了半年节目策划。从节目立意、文案撰写、选题改造,再到与编导沟通,我确实对娱乐节目有了更深层次的理解。就在这时,我主动请缨,制作了一档脱口秀节目样片,自己担任主编。我很清楚地记得,那一次集体审片看完节目之后,90%

的同事和领导发出了赞赏之声。我很坚定地认为我在光线的光明之路就这么开始了。就在这种深深的自我陶醉之中,我突然发现,在公司内部网的名录中,我的职务从策划降为了编导。当时的我23岁,正处于毕业两年,极度虚荣之境。为了表达自己的不满,同时为了证明自己的能力,我提出了离职。那时,离我到北京刚好半年。这是我第一次离职最重要的一个原因。

当时,一档卫视的日播娱乐资讯节目招聘一名主编。虽然我从没做过主编、带过团队,也没有能把节目内容完整撑起来的娱乐圈资源,而且年纪尚小,很难让人信服,可我依然硬着头皮去见了主管这档节目的总监。我给他的理由是,我在湖南做过一线记者,在光线做过节目策划定位,两者结合起来,便是一档节目主编的职责。我给自己的理由则是,不管让我干什么我都干,因为工资卡里只剩不过800元钱了。

我的第一次跳槽,不是因为自信,而是因为年轻的不忿;不是因为工资高,而是因为我要养活自己。现在,看见很多求职者有着各自种种的理由,我都能够理解。因为年轻,所以他们有很多对社会和自我的想法,他们什么都没有,只有尝试的勇气。如果连这一点儿都被剥夺了,也许我也不会是今天的我。

也许是因为有湖南台和光线良好的工作背景,我很快得到了节目总监的认可,他放手让我掌控这档有30多名员工的卫视节目。我很清楚地记得，有一次我召开会议，所有的男男女女都挤在会议室，也许是为了给我这个新小主编一个下马威，女记者直接蹲在座位上吸烟。我大口大口地呼吸着二手烟，佯装老到地问每一个人问题。在座的都是在娱乐圈一线奔波的记者，他们掌控着业界最核心的秘密。他们早已经建立了一张自己的信息网络，只要有一个人不服，节目就会立刻出现断裂的可能性。

我都忘了我是怎么撑过那一个多月的。直到把所有的问题都梳理了一遍，把所有的心理情绪都建设了一遍，我登录了荒废已久的MSN。一上线，便发现有近百号人加了我。我有些震惊，以为是某种新型病毒。仔细看了一两个介绍之后，我才彻底明白：××唱片公司企划总监，××公关公司市场专员，××经纪公司经纪人……我并没有将他们的介绍一一看完，因为我当时已经傻了。

我的第一反应是：为什么以前我一直想约却约不到的人会主动加我？为什么我认识的一些朋友的领导会加我？为什么还有一些我不认识但听说过的人会加我？

原因无疑只有一个：我是全国五档卫视娱乐节目之一的主编，关于节目的一切，都是我说了算。

哇哦，他们好势利。坦白讲，这是我迸发出的第一个念头。

以前花钱都请不到，现在不请自来，这不是势利是什么？就在我"小人得志"时，我突然又迸发了另外一个想法。当初，我去请他们吃饭，难道我不势利吗？我也是因为对方手上有资源才请他吃饭的，现在对方因为我手头有资源，所以才加我。那一刻，我突然明白，其实并不是我们势利，而是因为在北京工作的每一个人都是在"漂"着，我们必须依靠一份稳定的工作才能立足。什么交情，什么相识，都不如能妥帖地办好一次发布会来得重要，都不如你们联合起来做好一次宣传来得重要。所有人和人的关系，都是建立在工作完成得不错的基础上的。通过工作，我们认可了彼此的价值观，认可了对方是能让我们在北京生活更稳定的人。于是，我们成了朋友，好朋友，更好的朋友。哪怕我们有一天不合作了，但是我相信，他们身上所呈现的认真与思考，都是能一直引导我正确走下去的力量。

以前，我怕被人利用；现在，我怕自己没有人利用。

说得难听一点儿，我们的价值就是被人利用。一旦你失去被人利用的价值，你就失去了做人的价值。这也就导致现在我评判一个朋友值不值得交往的标准，首先就是看他的工作是不是靠谱。

这是我第一次跳槽，犯了年轻气盛病之后，得到的第一个工作准则。

每一段现在的凄苦，都能成为一枚未来吹嘘的勋章

第一次中高层会议，大圆桌，气氛阴沉，女老板骂人。

节目总监 40 多岁，坐在我旁边一言不发。通过观察，我觉得这把火马上就该烧到他了。念头还没结束，老板就开始盯着他说："听说你新招了个主编，是随便招的吗？我告诉你，如果你要跟他合伙骗公司的钱，直接告诉我就好了，不用随便到外面给我找个扫大街的人回来。"

我坐在节目总监旁边，一动不动。现在回想起来，我的脸一定涨得通红。老板连眼神都没从他身上挪开过，明明侮辱的是我，却自始至终都没有瞟过我一眼。我当时真的很想拍案而

起，指着老板的鼻子反驳一通，哪怕丢了工作也无所谓。可另外一个声音告诉我，必须要忍下去，忍一个月，就能拿到1万元钱的工资了，就能让我在北京多生活几个月了。忍一个月，生活就有回旋的余地。

从小到大，我的生活也许没有那么随心所欲，但也从来没被人那样侮辱过。那一刻，我觉得自己选择来北京或许是一个错误的选择。但是，无论怎样后悔，如何扛一个月才是最关键的事。

日子就在这种心惊胆战的状况中持续前进。扛过了三个月，我打算离职。有前辈告诉我："你现在的节目是一个很好的平台，但如果你不在核心职位上做满一年，业内对你不会太认可。最起码需要一年的时间，你才能掌握应该掌握的规则与资源。"在管理这个节目的过程中，光线曾经的领导也让我回去管理同类型的节目，职位也是主编，但我一直没换。除了没有做满一年，我也希望做得更好，让曾经的领导看到当初他尚未发现的我的那些优点。

到了满一年的那一天，我带着三本自己的书进了老板的办公室，签上名双手递给她，告诉她这是我出版的三本书。她很吃惊，然后看着我说："你还有点儿小才华。"其实，我不是有点儿小才华，这是我一直的爱好，只是因为她从不了解她的下属。或许她对我的印象仍然是街上随便找来的一个男孩,这个男孩依然在骗她的钱吧。

　　她看着我,不知道我要说什么。其实,我要说的话,已经想了几个月,只是那天终于有机会能开口了。我说:"我要离职。这一年,我很努力,我相信如果我说我是第二努力的员工,一定没人敢说他是第一。我之所以离职,是因为我对你以及对公司没有信心。我还记得我刚来时你对我说的那些话,每一句都让我觉得难堪。如果不是因为要活下去,我一定不会忍受那些。后来,我在公司也看到了你仍然这样对其他同事,说他们没有读过小学。也许你认为这是你的表达方式,但是我想说,每个人都是有尊严的。"说完这些的时候,我觉得很爽。或许你们在看的时候,也会和当时的我一样觉得,离开就是胜利,这样的老板就应该被炒掉。

　　年轻的我这么想,理所当然。可是,过了几年,当我遇见很多很多问题、矛盾和各色嘴脸之后,我发现自己很难再被激怒。这时,我突然很感激那位老板。如果没有她一直的施压,也许我不会变得如此抗打击;如果没有那一年的历练,也就不会有我后几年的忍耐。其实,人生每一段低谷的出现,就是为了映衬未来的某段高峰。将人生放眼远望,便不会患得患失地觉得自己难堪。因为每一段现在的凄苦,都能成为一枚未来和子女吹嘘的勋章。

响哥知道这个故事之后对我说:"你要感谢你的这位老板,也许正是因为这一年,你才真正成了一个电视人。"

标准是人建立的，你要去做建立标准的人

刚接手访谈节目《明星 bigstar》没多久，节目就面临停播。那是我第一次如此强烈地感受到市场与理想的差距。其实，回过头来想，每个电视人都有自己的理想，但并非每个电视理想都能被称之为理想。大家常常认为，只要不让我从事我想做的，就是在摧毁我的理想。在光线的那一年让我知道，任何不被市场检验并认可的节目，都不是好节目。好的东西一定会被人发现。无论是凤凰卫视"旨在影响有影响力的人"的节目，还是让更多人对国学感兴趣的《百家讲坛》，或者是探索频道的纪录片，面儿上不一样，但背后总有一个事实——有人愿意埋单。

《明星 bigstar》的问题就是没人愿意埋单。因为没有人愿意

埋单，所以一系列问题随之而来。作为一个访谈节目，主持人必须有一定的社会阅历。可是当时，这档节目的主持人只有柳岩、谢楠等二十出头的小姑娘，节目组导演的平均年龄也不过20多岁。邀请有阅历且能主持访谈节目的主持人费用偏高，作为一档全年365天必须播出的节目，这笔费用根本是节目组无法跟公司申请下来的。

如果只用年轻主持人，结果会怎样？当我们问自己这个问题的时候，结果显而易见——嘉宾各有不同，话题广泛，一旦主持人接不上嘉宾的话，进入不了对方的聊天体系，节目就会冷场，嘉宾就会瞧不起主持人，节目自然没了气场。

如果一个二十出头的主持人不行，那么八个二十出头的人一起聊天行不行？两个人聊天怕放空，我就不相信八个人聊天也会放空。八个记者来自不同的省份，有不同的专业，都能说会道，不怕冷场。事实果然如我们所想的那样，当一个人接不下去的时候，另外的记者直接把话口切过来，过渡自然。也许，这八个记者并不是出色的主持人，也没有多么出色的采访功力，但一连几场录下来之后，嘉宾面对一群年轻的倾听者，一个比一个兴奋，一个比一个话多。有时，记者们一句话都不说，睁着大眼睛听嘉宾说，节目更应该叫作《听妈妈讲过去的故事》。

样片获得公司通过，节目正式改名为《明星记者会》。

这个节目没有大牌主持人，没有大牌制作人，公司给予了空间任其发展。北京地区的观众也在众多节目选择中，慢慢接受了这群平均年龄 24 岁的年轻孩子。他们问的蠢问题不做作，他们问的刁钻问题有性格，他们接不上话也很正常。总之，这个节目在 2008 年取得了全北京能够看到的娱乐节目里市场份额第一的成绩。

据说，那时很多节目都在观摩《明星记者会》，都在想这个节目为什么要这么做？为什么要设置八个记者？他们的问题是不是之前已经设计好了？他们的吵架和兴奋难道真的是现场发生的吗？为什么会发生？甚至节目的骨干都被邀请去分享制作经验。

我记得第一次得知我们成为市场份额冠军节目时，全节目组的人都哭了。我想了半天，想找一个原因告诉大家为什么我们成了冠军。最后，我的结论是：我们没有找过专家，我们都不是成功的电视人，我们没有资历、没有名气，最重要的是，我们在一起工作没有负担，所以我们认真做好每一件自己喜欢的事；只有自己心安了、喜欢了，别人才会喜欢。

你把自己感动了，别人才有可能被感动。你自己先投入了，别人才有可能投入。这便是我后来制作节目一定会坚持的原则。

《明星记者会》后来改名叫作《最佳现场》，它的每一次蜕变和成长也都是我的成长。

有时候，我们无须仰望"权威"，热情地投入工作，建立自己的标准，也许不经意间，你也能成为别人认为的"权威"。

立定跳是没法晋升的，只能迈出一步，再迈一步

《明星记者会》改名《最佳现场》后，依然是个日播访谈节目，由于一年到访的嘉宾超过 400 位，我们的压力很大。艺人的数量关系到节目是否会"断粮"，艺人的质量则关系到节目的收视率。光线有个部门，叫作艺人关系部，负责所有艺人与光线大大小小的合作，节目到访嘉宾也由艺人关系部负责。

由于两个部门的业务目标不同，我们要收视率，他们要安排艺人上通告，所以常常是我们需要一线艺人，对方安排了三线艺人。面对越来越离谱的收视率，我做了一个决定：由我们自己培养一个艺人统筹，我们自己负责艺人邀约。

这实在是没有办法的决定。

节目那样做下去只能是死。死不可怕，最可怕的是明知要死，还要等死。增设岗位，增加业务范畴，没有人有经验。有人说这就是找死。反正都是死，等死不如找死。早死早超生。全组人一个一个邀约，一个一个"磕"，一个"磕"好了，就让他们帮忙"磕"另外一个。

很快，一年过去了，转眼到了公司最大的颁奖盛典——音乐风云榜颁奖盛典。那年，艺人关系部的总监刚好生孩子请假，公司领导看了一圈发现，除了我们节目，没有人的工作与此相关，于是就指派我们负责。虽然过程中小问题不断，但结果不错。一个完全与艺人邀约不相关的部门接受了年度最大的考验，老板说："要不你就接管艺人关系部吧。"

因为第一步被逼迈了出去，第二步又迅速跟上，我突然就到了另外一个圈子。站在这个圈子看之前的电视制作圈，感受很不一样。原来艺人希望那样，原来艺人喜欢这样。当把两个部门打通之后，我才发现，原来有那么多可以改进的地方。比如有时艺人不愿意上通告，我们就单方面认为艺人耍大牌。后来才知道，不是艺人不愿意，而是我们没有找到让他们愿意的理由：没有好的策划，没有让他们感兴趣的话题等。以往，只要艺人一拒绝，我们就放弃。显然，我们太不了解他们。艺人关系部除了和节目沟通，还有一项很大的职责，就是为广告部的商业活动提供艺人资源。以至于每次广告部外出和客户开会，要么会提前向我咨询好，要么在我开会时打电话向我咨询。一来二去，广告部也觉得每次都这样，显得不专业，不如我也参加客户提案好了。这样的话，客户有关于艺人的一切问题，我都能尽可能地回答。这个要求我可以拒绝，但是我没有，因为我已经学会了如何迈出一只脚的同时，做好另一只脚赶上的准备。

在与客户提案的过程中，一次又一次听他们的想法，了解他们的目的。有时用一个客户的想法去解决另一个客户的迷惑，有时也用同样的方法去解决不同的问题。在这个过程中，就像当时我明白"哦，原来艺人希望这样"一样，我又产生了"哦，原来客户需要那样"的感慨。

说得出不难，听得进才难。有时，和客户聊开心了，谈完艺人还顺带着谈谈节目制作。见客户本是一件很令人头疼的事，可是，当你发现你能帮他们解决问题时，你就越来越期待这种相遇。

《最佳现场》连续十个月成为北京地区占有率最高的娱乐节目，一切的流程都变得顺畅，我的工作时间也从每天十几个小时缩减至每天几个小时。每天都要上网和网友聊天，回答QQ上网友问的问题。

有一天，QQ 闪了，有读者问："刘同哥哥，请问幸福是什么？"

我认真思考着如何回答她的问题。五分钟后，我突然觉得自己的人生好无聊啊。每天上网，做着很容易解决的工作，拿着不多也不少的工资，突然不知道未来的人生应该朝哪个方向走了。此时，27 岁的我，已经管着一档日播节目，已经管着一个公司的艺人关系部了。我对自己的判断是，在 30 岁之前，无论如何，我不可能在电视事业部再谋求一个比现在更高的职位了，但我也许可以换到另外一个部门重新来过。在 30 岁之前，多看看不一样的工种，总不是坏事。实在不行，再回电视事业部也行。

我选择的下一个部门就是广告部。老板同意了我的选择，给了我一个副总经理的职位。

我在这个岗位上做了一年，这一年也被同事称为"打入冷宫的一年"。因为不懂具体业务，所以自觉没有能力去管广告部的几位总监。于是，每天通过其他朋友介绍客户，从基层人员的电话打起。前半年，没有开过一单。就在我万念俱灰、觉得自己的人生真是走错一步棋的时候，终于签到了 500 万元的广告。虽然对于广告部一年几个亿的销售任务来说，这简直是杯水车薪，但对于从未签过单的我来说，这是一次零的突破。起码这一次的成功让我明白，自己没有想象中那么差，用我的方式一样可以到达终点。

在广告部整整待了一年，我对老板说："对不起，让你失望了。"老板说："我之前做了更坏的打算，其实你去广告部我也没有抱什么希望，只是希望年轻的你能四处看看学学，你对广告客户的了解比你成功签单更重要。"也正因为如此，公司决定辟出两个节目，让我从内容品牌经营上统一管理，类似小公司的模式，我也正式升职为节目的联合总经理。

回过头来看这一路，显然并非一帆风顺，并不是每件事都要做得出色才有机会。有时候，只要你敢于尝试，能了解另一行也是一种进步。只会双腿立定跳是没法晋升的，要学会迈出一步之后，跟着再迈一步。只有充分了解了与本职岗位相关的岗位，你才有管得更多的资格。

不要太把自己当回事

刚做广告销售的那一年，我特别把自己当回事。

有一件事给我留下了很深刻的印象，也让我变了很多。因为刚入行，我便托朋友联系了一个知名运动品牌的总监，我想自己试试。第一步，我编了条巨长、巨诚恳的短信，发了出去。对于那时的我来说，等待对方回短信，多一秒钟都是煎熬，简直堪比谈恋爱。没过一分钟，对方总监回了短信，非常热情。初战告捷，于是我们约好了第二天通电话，约见面的时间。

第二天，我打了第一个电话，响了很久，没接。我认为对方应该看到了，闲下来时肯定会回。谁知等了整整一天，对方都没打过电话来。我心里自然有些不爽，"你也太不在乎我的感受了吧"。

心情很不好的我辗转反侧等到了第三天,我又打了对方电话。对方把我的电话挂断了。想了想,我又打了一次,对方又挂断了。紧接着,对方发来一条短信:我在开会,开完告诉你。

于是,我又等了起来。一连三天过去了,对方的总监压根儿没有任何联系我的意思。我反倒是每隔十分钟看看手机,生怕错过她的来电。越是这样,越是内心戏丰富:她为什么不回我电话呢?难道她很不喜欢我?难道我有什么地方做错了吗?难道她为人有问题吗?为什么她那么不讲信用呢?诸如此类的问题我想了一大堆,最后得出结论:如果她不回我电话,我就不再联系她了。

没过一天,我朋友打电话问我情况。听说我还没和对方见面,朋友提醒我,如果再不见面,如果对方的年度预算定下来,我们就没有机会了。挂了电话,我特别煎熬,然后告诉自己:"反正我和对方也不认识,即使她在电话里对我不客气,或者还不接我电话也没关系。大不了以后再也不联系,一辈子也见不到,我干吗要为一个一辈子都见不到的人烦恼呢?"我是典型的双鱼座,凡事都想得特别多。

一边拨号,脑子里一边自我劝慰。

电话接通了,我还在想怎么起头,对方立刻说:"啊,刘同是吧。你今天下午有时间吗？我们下午见一下吧。"

什么都容不得考虑，这不就是我等的结果吗？我立刻说："没问题。"

挂了电话，就像做了一个梦。虽然这事不大，但对刚从事销售工作的我而言，是一个多么大的进展。这可是约到了知名运动品牌的市场总监，哪怕没有合作，也是一种巨大的进步。

内心放了一阵烟火之后，我突然觉得自己太傻了。

对方压根儿就没有对我有任何的态度，仅仅是因为工作太忙而疏忽了我的电话。可是，我在自己的世界里演了将近一个星期的内心戏。设计了台词，设计了情节，还差点儿把自己演死。后来，我在记事本上写了这么一段感受：人可以把自己特当回事，但前提是，必须有人会搭理你。否则，就算你一个人演戏演死了，都没人来替你收尸。

显然，我就是一个自我感觉良好的人，可认同这一点的人又不如我想象中的多，所以多少酿成了一些悲剧。

不要太把自己当回事，是我做销售时学到的最重要的一条原则。

柔软是一种力量

　　每星期公司的例会都会审一档节目，那天刚好轮到审《中国娱乐报道》。这是中国寿命最长的一档娱乐资讯节目，很多同事（包括我），都是看着它长大的。从 2011 年开始，国外模式的节目风行中国电视业，资讯节目就像白米饭一样，不咸不淡，让观众根本提不起兴趣。看着同类型兄弟节目一个又一个被叫停，《中国娱乐报道》还能在这样的市场上扛多久，我们不得而知。但是，有一点我们是清楚的，无论这个节目的"寿命"还有多长，我们一定不能让它死得难看。

　　对照了很多国家的娱乐资讯节目，我们决定做一些改变：所有外采的记者必须要提问；如果是发布会，记者必须要第一个提问,而且所有提问不是问完就结束了,还应该根据被访者的回答再多问几个回合。真相都是越问越明,随意问一句就能搪塞的不叫采访,只能称为"提了一个问题"。我们看过太多雷同的娱乐新闻,提问者问得凌乱,被问者答得官方。如何把问题问得中立,不伤害艺人,又能让观众通过问题了解事情的真相,是《中国娱乐报道》努力呈现的状态。

比如,韩庚参加了《变形金刚》的拍摄,所有人都在猜韩庚的英文水平。我们的记者问:"韩庚,你现在的英文水平怎样?"韩庚回答:"在练习,练得还行,到时要跟导演和编剧对一对。"记者接着用英文问:"能不能随便跟我们分享几句里面的台词?"韩庚笑了:"你是要考我英文吗?你再说一遍我听听。"记者重复了一遍:"Can you share some of the lines from the movie with us?"韩庚想了想,笑着对记者说:"你就放过我吧。"

这条新闻我很喜欢。我喜欢记者之前的准备,也喜欢韩庚的回答。有时,我们拼命追求的答案,其实并不如我们想象中精彩,但具备了得体的态度和有趣的提问角度。哪怕记者没有得到他想要的回答,也能让整个新闻变得更好看。

所以,当老板提出要审《中国娱乐报道》时,我是有信心的。

半个小时的节目很快过去，大老板的脸变得很难看，说了一句："再这么做下去，节目就可以停了。"

我有点儿不知好歹，接了一句："我觉得还行啊。"

大老板突然就爆发了，用力拍着桌子对我说："放屁！你睁着眼说什么瞎话，这能叫还行？老派的主持，难看的包装，连背景音乐都没有，什么叫还行？"

32岁的我，在全公司各个部门头儿的众目睽睽之下，被大老板骂了一句"放屁"。当时，我的心"噔"地就提了起来，换作更年轻的时候，我应该会泪奔着跑出会场吧。

我不紧不慢，用尽可能平缓的声音回答："我说的'行'，是指记者们的表现和节目的内容，而不是节目的包装。我们先从内容开始改变，其他的就都好改了。"

我就这样来来回回地和大老板交涉了几个回合，想让他理解我的意思。这时，二老板忽然开口："我能理解记者们的努力，在资讯节目雷同的时期，人的不同才是最大的不同。把人培养起来，不愁节目改变不了。唯一需要注意的是，后期包装一定要紧跟节目内容，不然观众同样会认为节目一塌糊涂。"

我看着她，点点头，深深地在心里吐了一口气。

我一点儿都不害怕与大老板争吵，坚持自己认为对的事情，在这一点上我具备天然的胆量。可被二老板这么一说，我的脑子里"呼"的一下积满了水。我趁所有人讨论别的话题时，低下了头，眼泪就像断了线的珠子往下掉，怎么也止不住，脑子里问自己："为什么会哭？"

也许，面对严寒，我们早已养成集气成冰的习惯，以冰为剑。胜利之后，这剑便蒸发得利落又无踪迹。可面对理解时，这些利器却全化为水，流淌全身，需要排解。

我们把自己最终磨砺得不害怕任何伤害，却开始害怕一张创可贴的关怀。

有时，柔软或许比强硬具备更强大的力量。

人生最怕的就是干着急

电影《谁的青春不迷茫》相关工作结束后,我向公司请了三个月的假。工作十几年了,从未有一段时间缓一缓。

三个月算是一段不长不短的时间,如何使用变得十分重要。

回望 35 岁之前的人生,好像很多事情自己都在一点一点解决,唯独一件事成为梦魇。下过多少次决心就放弃了多少次,如果朋友要以这件事来判断我的话,我一定是一个很糟糕的人。这件事就是我的英语很糟糕。

初中时,我成绩不好,对所有科目的学习都提不起兴趣。高中忙着提高别的成绩,英语也没怎么管。大学只为了应付考试,觉得自己的工作一辈子都不可能用到英语。没想到六年前参加了求职节目，很多留学生开口就是流利的英语，作为面试官的我一句都听不懂。后来，我的工作方向从电视节目转到了电影，开始有了更多的国际交流。因为英语差，错过了种种机会。

后来我发现，我已经不仅仅是单纯的英语不好了，而是经过了长期的自我负面暗示，导致现在连思考的时间都无法给自己。常常是对方只要一开口说第一个英语单词，我的脑袋"嗡"的一声就进入蒙的状态。

所以，我决定要利用这一段假期，去一个全英语的环境中好好学习一下英语。

很多人问我："只有几个月的时间，你的英语真的能够变好吗？"

出发前，我特别"不要脸"地告诉自己和朋友，我肯定会好好学习的，争取回来让你们看到一个全新的我。等真的到了美国的语言学校学习了一个月之后，我才慢慢地感觉到之前自己所不能理解的那些说法——

比如，老师说："英语是很多人从小到大耳濡目染的一门语言，不是一门技术，所以要想通过几个月就提高英语水平，可以背很多句式，但回国之后很容易就忘记。"

比如，老师说："很多人说英语的逻辑都是本国语言的逻辑，即说英语的时候完全是先想中文再翻译成英语，但正确的方法应该是直接用英语进行思考。这个思考就是不用任何翻译，嘴巴能记住很多句式和语法。"

老师还说："现在，你的英语不好有两个方面。一个是基本的词汇量。第二并不是你的口语怎么样，而是你根本听不懂我在说什么。因为你听不懂我在说什么，所以你就不知道如何回答我，你就理所当然地觉得是你自己的口语不好，其实是你的英语听力不好。"

因此，我从觉得自己完不成这个目标，到慢慢发现原来每个人的弱点背后其实隐藏着更多的真相，而我也在这个过程中一点一点调整自己对英语学习的理解。

到美国一个月之后，我把"我要学好英语"这个目标改变成了弄清楚"我在学习英语的过程中究竟犯了哪些错误"。

以前，有同学问我："如果看一本书，找不到自己想要的答案，这本书是不是就没有意义？"我的回答是，如果看书只是为了功利地找到一个所谓的答案而已，看书本身就失去了意义。因为看书不是为了找答案，而是通过阅读，让自己能站在更多的角度去看待不一样的世界，能用更多的角度去思考问题，从而自己找到答案。阅读是为了提高一个人的思考能力，从而提高解决问题的能力，而不是给人以明确的答案。所以，这一次参加英语培训班对我而言，也不是直接能提高英语水平，而是通过自己的调整找到自己曾经对英文的误解，改变方法，在未来对待英文的态度上有一个质的变化。

对待工作也是一样，当我们发现工作出了问题时，常常会针对当下的问题进行思考，能补救就行。其实停下来，进行一次全面的梳理，或许能解决更多的问题。

曾在一本书上看到过一个案例，大致的意思是：有台电脑的磁盘出了问题，运行一段时间之后，总是会烧毁，于是就去换电脑的磁盘。后来，电脑的风扇出了问题，又去换风扇，但运行一段时间之后，风扇又不行了。这样折腾了很久，只得针对电脑进行了一次大检查，最后发现是电压出了问题。因为电压出了问题，所以反映在了不同的零部件上。

我很庆幸给了自己三个月的假期学习英文，就像我说的，重点并不是英语是否能变好，而是在这个过程之中，我终于明白了自己英语不好的原因。一旦有了解决问题的方法，时间反而就变得不那么紧迫了。

人生最怕的就是干着急。

到底怎样才算专业？可能这 22 个细节远远不够

读书的时候，特别想赶紧进社会工作去证明自己。觉得工作嘛，不就是干干活，挣点儿钱。只要朝气蓬勃，就能闯出一片天地。

其实，现在也是如此，常看到网友留言，问传媒的工作究竟是怎样的。

想了想，我举一个具体的例子，其实是日常工作中的一天——我们要录制一支好妹妹乐队创作的《我在未来等你》MV。我的同事小石头的工作就是负责这支 MV 的筹备，关于这支 MV 的录制要进行以下的工作。

1. 因为 MV 的录制中需要 200 人的合唱团，所以需要面向全社会招募合唱团人员。

2. 要进行几百人的征集，需要有一个招募机制，需要有报名者的联系方式和个人照片及简历。如果是在微博或公众号上文字招募大家发邮箱，大家打开微博之后还要打开邮箱。多一个步骤都会对大家造成麻烦，所以需要找到一个能嵌入公众号直接点击就能报名的系统。

3. 录制地点是在北京光线摄影棚，需要提前制作身份识别贴纸，录制当天发放给大家贴在身上，方便进出公司。

4. 录制从当天早上开始，所以我们必须选择在北京及周边的报名者，不希望给外地报名者造成困扰。所以，要进行地点甄别。

5. 由于招募人数太多，为避免不必要的安全隐患，我们必须搜集所有报名者的身份证信息存档，确保未来可以找到每一个人。

6. 提前两天发邮件、打电话，确认大家当天能够到场，确保合唱团人数规模。

7. 因为网络上的报名者年龄大都集中在 15～30 岁，为了找到各个年龄段的人，组成全年龄层的合唱团，我们还需要在线下找 50 多个年龄在 30～75 岁爱唱歌的人。

8. 交代大家的穿着和打扮不要夸张，代表日常和自己的工作身份就好。

9. 给所有人员订中午饭，还需要给胃口好的合唱团成员多订几份。

10. 准备好200多份歌词，当天集合时，分发给候场的人先行熟悉歌词。

11. 因为MV要过两个月才发表，为避免现场照片和歌词外泄，要对合唱团交代清楚保密事项，微博和朋友圈都不能拍照分享。（这个小石头忽略了，其他同事在网络上搜索监测到有人拍照后立刻给予制止。）

12. 因为拍摄日是工作日，合唱团里有初中生和高中生，他们以及他们的父母都非常希望能参加这个活动，所以需要公司开具活动证明向学校请假。盖章流程需要一到两天，提前拿到，学生才能请假。

13. 拍摄当天，导演要调整现场的美光和布景，合唱团员需要有一个更大的休息区，聊天、互动、跟着音乐熟悉歌词。

14. 为了保证大家能按时吃饭，拜托公司行政的同事在广播、OA（Office Automation，一款办公自动化软件）上通知光线的同事尽量下午1点之前结束用餐，错开用餐时间，腾出公司用餐地点给合唱团的人。

15. 正式录制MV时，合唱是现场收声，需要准备相应的收声设备。

16. 即使熟悉了歌词，很多成员在合唱时依然会忘词。一旦给了特写，任何一个合唱团成员嘴形对不上，整段录制都会作废，所以要在所有成员对面放上巨大的字幕提示，确保大家不会唱错歌词。

17. 要提醒合唱团成员，每个人的表情都应该是投入的，避免浮夸的动作。（这一点小石头没有做到，以至于最后成片里有三个"戏精"，有一秒的镜头很抢戏。本来想删掉，后来想了想，可能这也是"戏精"们投入情感的方式吧。）

18. 为了保证MV最后的呈现效果，受众在网络上观看时，大合唱的部分需要有歌词在大屏幕上呈现，但怕现场录制屏幕上的字体效果最后会不统一，于是决定后期统一增加屏幕上的歌词。后来，大家看到的MV成片里，大合唱屏幕上的歌词是后期制作上去的。

19. MV第一版的画面里，17岁和未来的对话性不够突出。为了更好地表达主题，我们决定增加更多对比，征集大家小时候和长大后的对比照片，问大家当初的愿望实现了吗？长大后做喜欢的事了吗？一共征到一千多张照片，导演最后选了一百多张，放在MV里。

20. MV的制作过程中，我们希望歌词能更突出一些，而市面上已有字体不太能满足我们的要求，所以MV导演决定让同事手写歌词。大家看到的MV里面的歌词，都是光线同事手写、导演一个字一个字抠出来重新排版的。

21. 由于大家已经习惯了电脑打字，所以写字时出现了一些笔误，导致歌词版 MV 播出时发现了两个错字，于是连夜更改。

22. 大家能看到的绝大多数 MV，都是要把手机横过来才能全屏，我们希望省掉大家这个动作，于是把横屏 MV 改成了竖屏的。只要点击全屏标志，大家就可以观看符合手机尺寸的 MV。很多网友说很不一样，我们开心到爆。

其实，这是日常工作中一件很小的事，每年光线要做很多发布会，几乎周周如此。

要做好一份工作最重要的当然是专业，而专业究竟是什么？

除了课本上学到的东西，专业就是你在做每件事之前，能在心里先把自己当成导演、当成歌手、当成合唱团，当成各个参与的工种，从头到尾感受一下流程和自己会担心的问题。虽然花费一点儿时间，但却能让你体会和感受到很多隐藏在水面之下的细节。

"换位思考"这四个字虽然简单，但工作中真正能做到的人又有几个？我们常说"懂得很多道理，却过不好这一生"，明明是自己理解能力有问题，非要怪道理没有意义。

后 记

职场不是谋略,而是一个人寻找自我的过程。

我希望这个世界是美好的,阳光能够照到每一个角落。所以这本书里,我依然没有提及任何关于诡道的话题和观点。

我应该有义务提醒所有读者:我这本书,只适合那些想进入和已经进入了有活力、运转良性、有着不错激励制度的正规公司的职场人士阅读。

如果你所在的企业不是这样,那么很遗憾,虽然相关的观点和技巧我不欠缺,但是我不想把那些东西表现出来,那会让我觉得心累。

如果你看完了这本书,还有其他的困惑,可以在微博上给我留言或@我(@刘同),我看到的话会尽量回复你。

这是我的个人公众号,可以扫描关注,留言互动。

图书在版编目（CIP）数据

别做那只迷途的候鸟 / 刘同著. — 北京：北京联合出版公司，2018.9
ISBN 978-7-5596-2653-0

Ⅰ.①别… Ⅱ.①刘… Ⅲ.①人生哲学—青年读物 Ⅳ.①B821-49

中国版本图书馆CIP数据核字（2018）第218864号

别做那只迷途的候鸟
作　　者：刘　同
责任编辑：楼淑敏
封面设计：所以设计馆

北京联合出版公司出版
（北京市西城区德外大街83号楼9层　100088）
北京盛通印刷股份有限公司印刷　新华书店经销
字数155千字　880毫米×1230毫米　1/32　9.25印张
2018年9月第1版　2018年9月第1次印刷
ISBN 978-7-5596-2653-0
定价：45.00元

未经许可，不得以任何方式复制或抄袭本书部分或全部内容
版权所有，侵权必究
如发现图书质量问题，可联系调换。质量投诉电话：010-82069336